图说生物世界

# 蜻蜓为什么要点水

## ——节肢动物

侯书议　主编

上海科学普及出版社

**图书在版编目（ＣＩＰ）数据**

蜻蜓为什么要点水：节肢动物 / 侯书议主编. 一上海 ：上海科学普及出版社，2013.4（2022.6重印）

（图说生物世界）

ISBN 978-7-5427-5606-0

Ⅰ. ①蜻… Ⅱ. ①侯… Ⅲ. ①节肢动物－青年读物②节肢动物－少年读物 Ⅳ. ①Q959.22-49

中国版本图书馆 CIP 数据核字(2012)第 271672 号

责任编辑 张立列 李 蕾

图说生物世界

**蜻蜓为什么要点水——节肢动物**

侯书议 主编

上海科学普及出版社

（上海中山北路 832 号 邮编 200070）

http://www.pspsh.com

各地新华书店经销 三河市祥达印刷包装有限公司印刷

开本 787×1092 1/12 印张 12 字数 86 000

2013 年 4 月第 1 版 2022 年 6 月第 3 次印刷

ISBN 978-7-5427-5606-0 定价：35.00 元

# 图说生物世界
# 编委会

丛书策划：刘丙海　侯书议

主　　编：侯书议

编　　委：丁荣立　文　韬　韩明辉

　　　　　侯亚丽　赵　衡　王世建

绘　　画：才珍珍　张晓迪　耿海娇

　　　　　余欣珊　毛媛媛

封面设计：立米图书

排版制作：立米图书

# 前 言

在动物的分类中,根据动物有没有背上那根脊柱,可以将动物分成脊椎动物和无脊椎动物。无脊椎动物是动物的原始形式,它的种类非常多,在动物种类总数中有95%的动物种类都是无脊椎动物。而无脊椎动物又分为软体动物门、腔肠动物门、节肢动物门、棘皮动物门等。

在众多的无脊椎动物中,节肢动物是最大的一个群体,它的种类非常多,不仅是无脊椎动物中最大的一个门,也是动物界最大的一个门。据科学家统计,它们的种类能达到120万多种。在节肢动物中,不仅包括我们经常见到的苍蝇、蚊子、蜻蜓这些昆虫,还包括像虾、蟹、蜘蛛等这些动物,另外还有一些其他种类的虫类。

节肢动物不仅种类繁多,而且很多都十分有趣。

虽然大多数节肢动物比较矮小,但是它们个个身怀绝技,并能通过自己的独门绝技保护自己。本书将细细给大家道来。

节肢动物不仅要跟同类处理好关系,有时候还会跟别的动物成为朋友。最奇妙的时候,它们还会跨出动物界,跟植物成为朋友。

有些节肢动物的行为非常怪异，会做出很多奇奇怪怪的事情。比如，苍蝇会用脚尝大便的味道。另外，还有一些节肢动物特别"与众不同"，比如身上流着蓝血的鲎等等。

　　此刻，就让我们一起走进节肢动物的神奇世界吧！

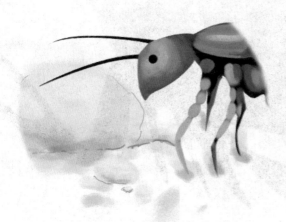

# 目 录

## 节肢动物的大家族

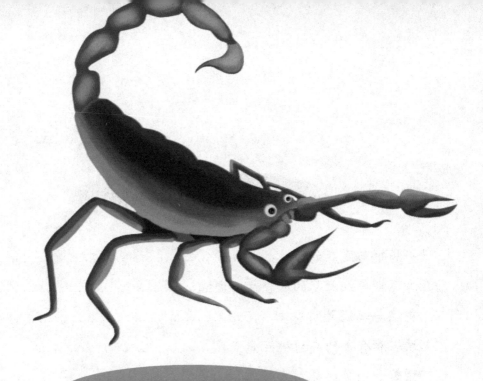

## 节肢动物的自我保护

## 节肢动物的外交政策

## 节肢动物的奇怪行为

## 节肢动物里的绝招

# 节肢动物的大家族

关键词：节肢动物特征、生物学分类、史前节肢动物

导　　读：节肢动物，又称"节足动物"，是动物界中种类最多的一门。在距今 4 亿年前，节肢动物家族的成员，因为个头巨大、没有劲敌，曾一度称霸地球。不过随着地球环境的变迁，它们也曾遭遇了一次灭顶之灾。

# 节肢动物的历史

　　节肢动物家族里的成员众多,而我们最常见的要数苍蝇、蚊子、虾、蟹、蜘蛛等。你可不要小看节肢动物,它们早在 4 亿年前曾经称霸过世界。

　　节肢动物在寒武纪时期发育完全。或许大家对寒武纪比较陌生,那是指在 5.7 亿 ~5.05 亿年前的这段时间,地球上很多生物都

是在这个时期出现的,节肢动物也不例外。

　　从寒武纪到 4 亿年前这段时间里,脊椎动物——鱼类开始出现,鱼类虽然比节肢动物更高级一些,但是相对来说却非常弱小。那时,没有一条超过 1 米长的鱼。可是这个时期,节肢动物的种类却越来越多样化。

　　在海洋中居然出现了一种名叫"海蝎子"的节肢动物,它的体形非常大,体长居然达到了 2 米多。这样庞大的动物生活在海洋中,显然是处在食物链的最顶端。因此,说节肢动物在当时称霸世界是毫不夸张的。

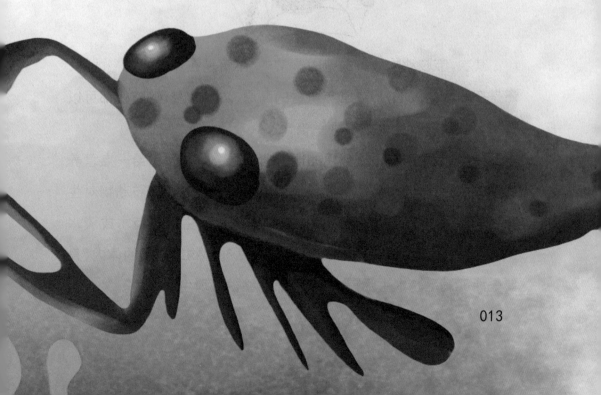

节肢动物的家族庞大体现在以下几个方面：

首先，节肢动物种类繁多。节肢动物，包含120多万种无脊椎动物，大约占动物界已知数量的84%。其成员呈现多样化，比如甲壳纲的虾、蟹，三叶虫纲的三叶虫，肢口纲的鲎，蛛形纲的蜘蛛、蝎、蜱、螨，原气管纲的栉蚕，多足纲的马陆、蜈蚣，以及昆虫纲的蝗、蝶、蚊、蝇等等。

其次，节肢动物分布的范围非常广。不管是在炎热的热带雨林，还是在寒冷的极地，抑或常年积雪的高原、浩瀚的海洋，随处都可以看到节肢动物的身影。

再者，节肢动物适应环境的能力非常强。只要稍微给一点营养物质或生存空间，节肢动物都可以顽强地生活下去。节肢动物对生存环境的要求不像其他动物那么严格，无论是生活在海水或淡水中，还是生活在土壤或空气中，甚至是生活在动物或植物的体内，只要是能够满足基本生活需求，它们都能够很好地生活下去。

# 节肢动物的特征

　　节肢动物虽然种类非常多,总量也大得惊人,但是这些成员都共同具备一定的条件,如果达不到要求,是没有资格成为节肢动物家族中的一员的。

　　到底拥有哪些条件才能成为节肢动物的成员呢?

　　第一,节肢动物身体的外表面必须有坚硬的外骨骼。

　　节肢动物的外骨骼最外边是一层薄薄的蜡质层,蜡质层对内有防止水分流失的作用,对外又有防止水分渗透的作用,这在一定程度上能够帮助它们维持体内水分的均衡。

　　在蜡质层的下边是几丁质层。几丁质又叫甲壳质,它是一种含

015

氮的糖类,是真皮细胞的一种分泌物。几丁质形成坚硬的骨片,不仅对节肢动物的身体具有保护作用,同时也会限制节肢动物的身体器官的发育。所以,节肢动物在生长发育的过程中会有蜕皮的现象。

它们的表皮细胞能够分泌一种酶将几丁质溶解,幼虫就会从外骨骼中钻出来,在新的外骨骼没有完全硬化的时候,它们会趁机快速生长。节肢动物每蜕一层皮就意味着它们的身体疯长一次。

第二,不管是身体还是附肢都是分节的。

节肢动物的身体都是分节的。它们的身体跟环节动物的身体很相似,都是分成一节一节的。不同的是,环节动物的体节除了前端一节和后端一节以外,其他体节的形态结构差不多都是相同的,也正是因为如此,它们的功能也基本上一样。可是节肢动物的体节却不是这样的,它们的体节得到了进一步的分化,身体的各个体节的形态结构都发生了变化,不同部位的体节会完成不同的功能。

所以,节肢动物身体分部是非常明显的。比方说,苍蝇的身体可以被分为头、胸、腹三个部分;而像蜈蚣这样的动物就被分为头和躯干部分。

节肢动物的附肢也是分节的,这也是它们共同的特点。它们的附肢和环节动物的疣足是不一样的,环节动物的疣足是体壁的凸起部分,构造类似于叶子,并没有分节。而节肢动物的附肢不仅跟身体的连接处有关节,就是附肢本身也是由好多节组成的。这样的附肢对节肢动物运动、捕食、感觉等活动都非常有帮助。

第三,节肢动物一般都是采用卵生和有性生殖两种繁殖方式来繁衍后代的。

它们一般都要经过卵、幼虫、成虫等变态的生长过程。在成长的过程中,它们的身体变化十分明显。就拿飞蛾来说,一开始只是一粒小米大小的虫卵,后来破壳而出长成毛毛虫,经过一段时间的生长

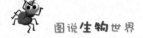

之后,就会变成一只长有翅膀的飞蛾。

　　节肢动物还可以进行孤雌生殖,也就是说,这些动物在没有受精的情况下也可以发育成成虫。比如说竹节虫,它就可以采用孤雌生殖的方式来繁衍后代。虽然这种方式不需要受精,但是它们依然属于有性生殖,因为能够发育成动物个体的依然是生殖细胞。

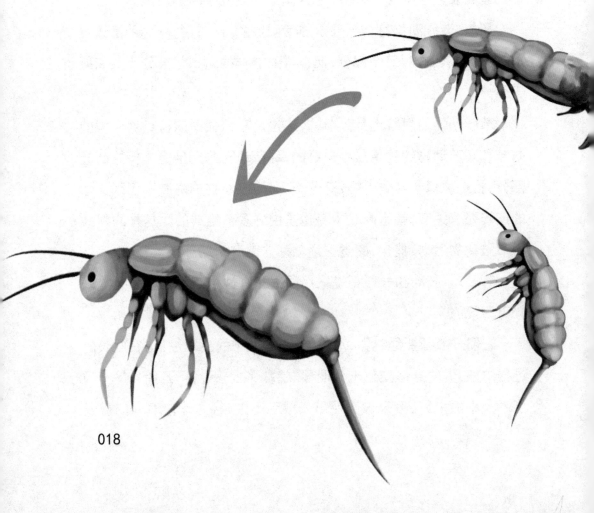

# 节肢动物的分类

节肢动物种类有 120 多万种,其分类有分为原节肢动物和真节肢动物两个亚门,也有被划分为五个亚门,它们分别是三叶虫亚门、螯肢亚门、单肢亚门、六足亚门和甲壳亚门。

三叶虫亚门的成员是最早出现在地球上的节肢动物,它们在寒武纪至奥陶纪(古生代第二个纪,约开始于 5 亿 ~4.4 亿年前)这一段时间非常繁盛,可是到了志留纪（古生代第三个纪,始于距今 4.38 亿年,延续了 2500 万年)的时候,三叶虫亚门就开始出现衰败的迹象。到了古生代晚期,它们在地球上彻底地消失了。

至于三叶虫亚门的成员到底有多少种,已经很难再考证。不过,被科学家发现的就已经达到 4000 多种。

螯肢亚门的成员分为头胸部和腹部两个部分,它们的最大特点就是身上长有螯肢,蝎子就是螯肢亚门的一员,它的身上长有两只大螯。它们的分布范围比较广泛,不管是在水中,还是在陆地上,都有它们的身影。

螯肢亚门的种类非常多,光水生的差不多就有 1300 种,而在

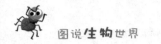 
陆地上生活的已经被人们所知道的就有 77000 多种。

科学家根据螯肢亚门成员的不同特点将它们分成了三个纲：肢口纲、蛛形纲和海蛛纲。

020

肢口纲的成员一般都生活在海洋中，它们的身体被外骨骼覆盖，在它们的身后边还长有一根长长的刺，看上去像一根硬硬的尾巴。鲎就是这个纲的成员。

蛛形纲是螯肢亚门最大的一个纲，像我们常见的蝎子、蜘蛛都属于这个纲里的成员。蛛形纲的成员一般都生活在陆地上，当然也有很少一部分生活在水中。

海蛛纲的成员跟我们平常见到的蜘蛛的形状非常相似，不过它们都生活在海水中，也正是因为如此，人们才把这个纲称为海蛛纲。

单肢亚门的成员都长很多只脚。人们经常见到的马陆和蜈蚣都是单肢亚门里的成员。单肢亚门的成员都是陆生动物，大多数栖息在枝叶茂盛的树林中，以森林中的腐败植物为食。

单肢亚门也是一个比较大的种类，在这个亚门里有超过 13000 个物种，又被分为四大纲：唇足纲、倍足纲、少足纲（少脚纲）、结合纲（综合纲）。

唇足纲成员的第一体节上的步足一般都转化成了颚足，这是它们最大的特点。唇足纲成员数量最多的是蜈蚣。倍足纲成员的数量排在第二，它们的成员是单肢亚门里面脚最多的一类，其实只有750 只脚的所谓千足虫就是它们中的一员。少足纲的成员相对于单肢亚门其他纲的成员来说，体形较小，它们的体长一般只有0.5~2.0

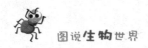

厘米。综合纲的成员与蜈蚣有点儿像，不过它们的身体都是半透明的，而且体形要比蜈蚣小一些。

　　六足亚门是节肢动物中最大的一个亚门。它们的身体由头部、胸部和腹部三部分组成。在它们的胸部上长有 6 只脚，正是因为如此，才将它们命名为六足亚门。六足亚门又被分为五个纲：昆虫纲、

我是单肢亚门
的成员哦！

弹尾纲、双尾纲、原尾纲和内口纲。

昆虫纲不仅是节肢动物中种类和数量最大的一个群体,也是整个动物界中种类和数目最大的一个群体。它们分布比较广泛,在水中或陆地上都会看到它们的踪迹。昆虫纲动物的体躯分为头、胸、腹三部分,头部有 1 对触角,胸部有 3 对足,一般有 1 对或 2 对翅;腹部一般无行动附肢。

我是六足亚门的成员!

昆虫是世界上最繁盛的动物,约占动物界种数的 80%。分布范围很广,从南极到北极,从高山到盆地,都有昆虫的足迹。它们习性差异极大,一般具有强大的飞行能力,其微小的身躯又易于随气流飘逸。在昆虫里,有一些对自然界生态平衡有好处的,比如一些虫媒花需要借助昆虫的传播;像花蜜也需要借助蜜蜂采蜜,才能酿制供人类食用的蜂蜜。但也有一部分昆虫是对人类生活有危害的,比如

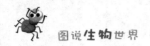 

蝗虫、白蚁、蚊子等,有的破坏植物生长,有的传播疾病。

弹尾纲的成员是一群个头比较小的动物,身长约5毫米。它们非常擅长跳跃,弹尾虫就是它们的代表。

双尾纲的成员除了具有六足亚门成员的共同点,还长了一对尾须或尾铗,故通称这一类的动物为双尾虫或铗尾虫。它们的体型细长而扁平,大多数虫体呈白色、黄色或褐色。虫体体长一般在20毫米以内,也有虫体较长一些的可达40多毫米。因为这一类动物害怕见阳光,所以主要生活在砖头石块缝隙、落地枯枝树叶或土壤等潮湿阴凉的地方,食物以植物、菌类、小动物以及腐殖质(已死的生物体在土壤中经微生物分解而形成的有机物质)为主。

原尾纲的成员是一群没有翅膀、没有尾巴的微型动物,其体长一般在2毫米以内,它们体色以浅色为主,很少有深色的虫体。其中,原尾虫是它们的代表,原尾虫主要生活在湿润的土壤中,以腐败有机质为食物。

内口纲的成员最显著的特点是它们的口器都缩在了头里,昆虫的口器是位于口两侧的器官,有摄取食物、感知等作用。其中,黑跳虫是这一纲的代表。

最后一个是甲壳亚门。甲壳亚门的种类约有52000个种类。可以说其成员非常庞大。甲壳亚门的成员与其他亚门的成员相比较,它们之间有一些共同特征,比如,甲壳亚门的成员的躯干也是由数个节组成。但是,甲壳亚门的成员,有个最大的特征,即它们拥有两对触角,并长有腮,因此,有人将它们称为"水中的昆虫"。虾、蟹、寄居蟹等都是甲壳亚门的成员。

　　节肢动物除了这五个亚门以外,还包括舌形虫纲、缓步纲以及有爪虫纲这些分类位置尚有争议的动物。

**我是甲壳亚门的成员!**

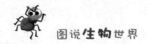 

# 史前节肢动物

海洋被誉为"地球生命的摇篮"。海洋孕育了无数的生命,包括动物家族的诸多种类皆从海洋孕育而来,在节肢动物中,有不少就是祖先从海洋而来,而后经过进化来到陆地上生存。

其中节肢动物的史前巨蟹、史前蜻蜓、史前三叶虫,就代表了节肢动物家族的进化与繁衍方向。

史前巨蟹,又称巨型羽翅鲎,属节肢动物门肢口纲的海洋动物,人们还常常称这种生物为"海蝎子"。它们生活在距今4亿年前的古生代泥盆纪。

按照史前巨蟹的化石比例换算,其体形庞大,长达2.5米,重200千克,堪称当时海洋中的巨无霸动物,因此,它称霸一方,来去自如。一些生活在海洋里的鱼类、三叶虫及其他小动物,皆成为其口中美食。

一些研究史前巨蟹化石地质学家认为,史前巨蟹能够生长得如此庞大,大概和当时空气中的氧气含量较高有关,其中,美国耶鲁大学生物学家罗伯特·贝尔纳研究认为,石炭纪(距今3.6亿~2.8亿年）时期，地球上的氧气浓度高达 35%，这要比今天的氧气浓度 21%高很多。由于当时的许多节肢动物是通过其肌体中的微型气管直接吸收氧气，而非通过血液间接吸收氧气，因此，高含氧量导致它们向大块头方向进化。这是海蝎子长成大个子的原因之一。

也有一些科学家认为，史前巨蟹大概是在与生态圈、食物链竞争中而进化成的庞大身躯，只有个头较大，力量较足，才能保证自身安全、捕获生物、延续种族生命。

当然，这两种推测都有可能成立，也许是两个原因同时存在，才导致史前巨蟹的躯体进化成大块头。

随着时间的推移，一种新的生命出现，它就是鹦鹉螺。鹦鹉螺属软体动物头足纲，其在地球上已经存在数亿年。当这种身长达 11 米的大型无脊椎动物出现时，曾经称霸一方的史前巨蟹面临着灭亡的境地。

鹦鹉螺主要以海洋生物史前巨蟹、三叶虫为食，史前巨蟹因此步入"化石"的行列。

一些侥幸逃过被捕食的史前巨蟹，转移生活地区，它们来到了陆地上。科学家研究认为，已经灭绝的史前巨蟹是今天节肢动物门中蜘蛛类的祖先，其中包括蝎子、蜘蛛、螨类、虱类等。

3 亿年前，陆地大部分处于热带，雨水丰沛，植被繁盛，这给陆

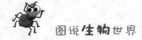 

地生命的繁衍提供了得天独厚的生存环境和条件。当时的一些节肢动物在这一时期也开始发展壮大,其中隶属于昆虫家族的节肢动物史前蜻蜓就是它们的典型代表。

史前蜻蜓,又称古蜻蜓。仅见于化石。史前蜻蜓,比地球上的恐龙来得还早。它曾经遍布地球各个角落,堪称昆虫家族的巨无霸,其两翼展开近 1 米宽。也是有史以来最大的昆虫了。

或许大个头的动物在地球环境发生变化的时候,比小个头的动物更容易遭到毁灭性打击,恐龙灭绝了,史前巨型蜻蜓也灭绝了。

此后,蜻蜓类的昆虫开始向小个头方向进化。如今,蜻蜓类动物的翼展长度在 2 ~ 20 厘米之间。与史前庞大的蜻蜓相比起来小了很多。

在远古生物中,节肢动物门三叶虫纲的三叶虫最具有代表性。

三叶虫在距今 5.6 亿年前的寒武纪开始在海洋里出现,随后其家族发展壮大,并繁衍进化成多种大小不等的三叶虫种类,其长度 0.2 ~ 70 厘米。

三叶虫呈卵形或椭圆形,其虫体从背部延伸到腹部有一层坚硬的外壳。生物学家把三叶虫的躯体纵向分成三个部分,即头部、腹部和尾部,故名"三叶虫"。

三叶虫的食物主要以低等的软体动物为主,比如软舌螺、腹足

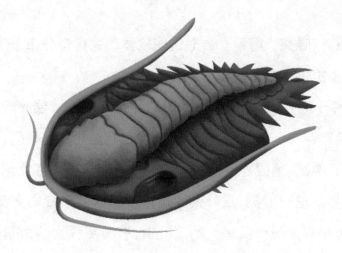

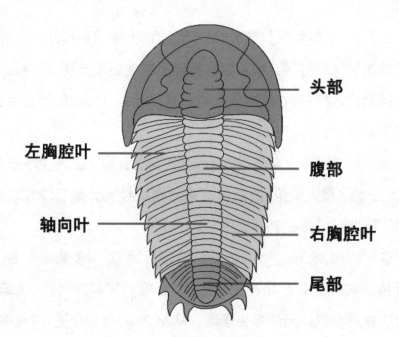

头部

左胸腔叶

腹部

轴向叶

右胸腔叶

尾部

上图为三叶虫化石复原图;下图为三叶虫结构图。

类、单板类、喙壳类等等。当时这些软体动物广泛分布于海洋,这就为三叶虫提供了丰富的食物来源。

距今5亿~4.3亿年前这一时期,是三叶虫发展繁衍的高峰时期,其足迹遍布世界各地,在目前发现三叶虫化石的地区,包括加拿大、美国、中国、德国等,种类多达万种。可以说整个寒武纪就是三叶虫的世界。这一时期,三叶虫的迅速繁衍得益于食物充沛、天敌较少,作为相对来说个头较大的三叶虫,有着更强大的力量用以捕获猎物。

然而,一些躯体更加庞大、处于食物链上端的动物开始出现,比如鹦鹉螺类、板足鲎类、鲨鱼以及其他早期鱼类的出现,成为三叶虫主要的劲敌,这些动物的主要食物就是三叶虫。因此,三叶虫生存空间越来越小,越来越艰难。

大约到了距今2.4亿年前的二叠纪晚期,地球上发生了被称之为"第三次物种大灭绝"的事件,"第三次物种大灭绝"又称"二叠纪物种灭绝"或"三叠纪物种灭绝"。

这一时期,地球上95%的物种惨遭灭绝,其中受害面积最大的当属统治海洋达3亿年的主要生物,它们的族群或衰败,或消失。三叶虫家族自然也无法幸免于难。从此之后,我们仅能从"化石"中见到这种生物的模样。

# 节肢动物的自我保护

关键词：尺蠖、椿象、玻璃虾、钩虾、蜈蚣、蝎子、蜜蜂、蝗虫、蟋蟀、象鼻虫、马陆、竹节虫

导　读：为了让自己的寿命更长久，节肢动物家族的成员们就会想出各种各样的办法来保护自己，防止被天敌吃掉。节肢动物自我保护的方法不但有趣，有时还匪夷所思。

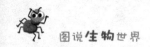

# 尺蠖：潜伏是个好办法

伪装，通常指军事上采取措施来隐蔽自己、迷惑敌人。其实不只人类会伪装潜伏，节肢动物也会。在节肢动物的成员中，有种叫尺蠖的动物就会使用这一招。

尺蠖是节肢动物中六足亚门的成员，它们隶属于昆虫纲。尺蠖是尺蛾科昆虫幼虫的统称，身体细长，等它们变态发育为成虫之后会长出翅膀，这时候人们称为尺蛾。

尺蠖在人类的眼里是一个大坏蛋，因为它们能够将一整棵树的叶子吃掉。正所谓"一物降一物"，尺蠖在大自然中也是有天敌的。尺蠖的天敌很多，如蜘蛛、猎蝽等昆虫都可以捕食它们。由于尺蠖的爬行速度非常慢，它们要想躲过天敌的追杀，只能采取以静制动的方法——潜伏。

尺蠖的潜伏技巧非常高，它们只有在行动的时候才会一曲一伸，看起来像一座拱桥。它们在休息的时候，身体会伸得像树干一样笔直，这让以尺蠖为食的动物很难发现它们。所以说，只要它们一动不动地趴在那里，它们的安全系数就非常高。

更为让人感到神奇的是，尺蠖不仅能使自己的形态像树枝，它们身体的颜色也可以随着树枝颜色的变化而变化。在春天和夏天，树枝的颜色是绿色的，它们身体的颜色也会变成绿色；到了秋天，树枝就会变成黄色，它们身体的颜色也会跟着变成黄色。尺蠖选择用保护色的方式潜伏在树林中，大大减少了被捕食的危险。

不仅尺蠖能用潜伏的办法来保护自己，它们的成虫——尺蛾也经常会用这种方法来保护自己。尺蛾身体细长，且长有一对比较大的翅膀，看上去像一片枯叶。当它们休息的时候，它们会落在跟它们身体颜色相似的植物上。远远看去，就跟周围的树叶一样，那些以它们为食的天敌就很难发现它们。

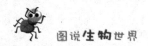 

# 椿象：善于放臭气弹

在哺乳动物中，有一种动物叫黄鼠狼，当它们遇到危险的时候，它们就会释放一股奇臭难闻的气体，吓退追杀它们的敌人。

其实，利用臭味来保护自己，并不是哺乳动物的专利，在节肢动物中也有些成员是利用放臭气的方法来保护自己的，比如椿象。

椿象是六足亚门昆虫纲的动物，它们的身体又扁又平，在它们的头部长着一个很长的口器，可以利用这口器爬到植物上边吸食植物的汁液。

椿象属于不完全变态昆虫，其由卵经过孵化为若虫之后，便有着与成虫非常相似的外观，只是个头上小了一些，此外，若虫没有生长翅膀。此后，便直接成长为成虫。

椿象的种类繁多，有3万多种，主要分布在平地至中海拔山区。并根据其生活栖息地的不同，分为陆生椿象、水生椿象以及两栖椿象。陆生椿象因为摄入食物的不同，栖息地也不尽相同，不过，它们主要生活在植物丛间。水生椿象以及两栖椿象通常栖息在静态的水域之中，比如池塘、沼泽、湖泊等水域。

值得一提的是，其中大部分椿象种类不太招人待见，常常把它们纳入危害农业生产上的"害虫"，像稻黑蝽、稻褐蝽、稻绿蝽、稻小赤曼蝽等，主要危害水稻作物；像荔蝽、硕蝽、麻皮蝽、茶翅蝽等，主

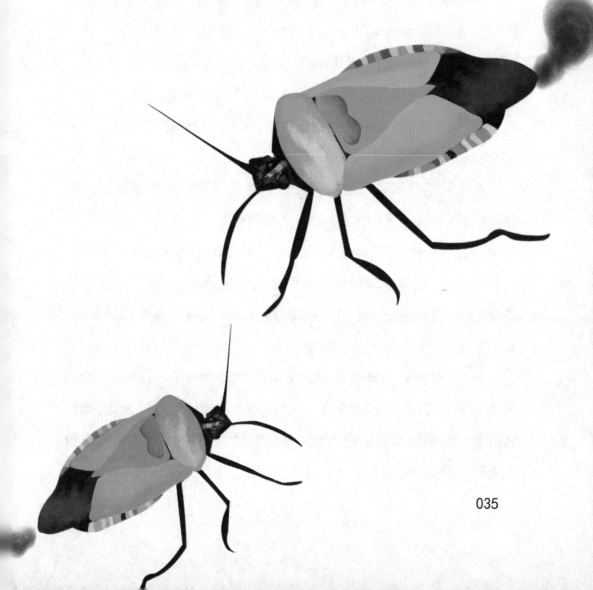

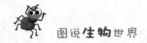 

要危害果树；像菜蝽、短角瓜蝽、细角瓜蝽等，主要危害瓜类和蔬菜；像盲椿象这一种类，主要危害棉花作物。只有少数的种类是"益虫"，比如食虫椿象。

椿象除了这个学名以外，还被称为"放屁虫"、"臭大姐"、"臭姑娘"等。因为它能像臭鼬一样放臭气，当它遇到敌人的追杀的时候，它们就会以"放屁"的方式来逃生。

在椿象体内有专门分泌带有臭味的气体或液体的器官——臭腺，位于后胸腹面。当椿象受到惊扰时，臭腺就会迅速分泌出一种名叫臭虫酸的物质。

臭虫酸不仅具有很强的挥发性，而且还有一股特别难闻的气味。臭虫酸会在空气中快速挥发，使周围的空气变得臭不可闻。椿象就会趁着这个机会赶紧逃掉。由于椿象释放出来的臭味能持续很长一段时间，所以其他动物见到它们之后都会绕着走，更不用说去伤害它们了，椿象就安全多了。不过，椿象的臭气并不具有攻击性，仅是一种逃生、保命的防卫性法宝。

虽然，很多动物对椿象释放出来的臭气十分厌恶，但是它们的同类却非常喜欢，尤其是异性。这样一来，臭味就可以成为雌、雄椿象的求爱信号。当椿象进入繁殖期的时候，它们就会释放臭气来吸引异性，与它们交配并繁衍后代。

# 玻璃虾和钩虾：身体透明带来的好处

英国著名作家赫·乔·威尔斯在 1897 年写的科幻小说《隐身人》中描写了天才青年物理学家格里芬发明了"隐身术"的故事。所谓"隐身术"也就是"透明人"，他可看见别人，而别人看不见他。当然这只是科学幻想。

不过，"隐身术"最大的好处是可以用来保护自己，人类虽然无法实现，但是在动物界，确实存在着这样一种生物，它的身体是透明的，视之若无物，从而保护了自己的安全，比如玻璃虾。

玻璃虾是节肢动物甲壳亚门的成员，它们的全身像玻璃一样晶莹剔透，正是因为如此，才会有玻璃虾这个名字。

玻璃虾是一种生活在海洋深水层的中小型虾类，全世界共有 60 余种，在我国台湾周边的海域，也生活着 10 余种玻璃虾。

像虾这种小动物在海洋中生活是非常危险的，因为在海洋中会有很多以它们为食的鱼类，想要不被吃掉，对于它们来说确实不是一件容易的事。不过这一切危险，对于玻璃虾来说就不成为一种危险了。尽管海水的颜色常常会因为深浅的问题而发生改变，但玻璃虾的身体是透明的,无论它们畅游到哪一层海水中,它们的身体都会与海水的颜色迅速融为一体。不仅如此,玻璃虾还非常聪明,它们白天的时候一般会隐蔽起来,只有在晚上才会出来活动。这样一来,那些以它们为食的捕食者就更难发现它们了。

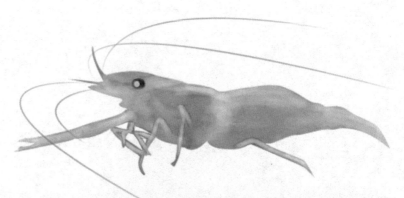

　　除了玻璃虾以外，有一种叫钩虾的节肢动物的身体也是透明的。钩虾生活在北半球的海洋中。跟玻璃虾不同，钩虾的内脏不是透明的，但是这也足以迷惑捕食它们的敌人。当捕食者看到钩虾的内脏时，它们会觉得食物特别小不值得吃，而放弃捕食钩虾。

　　你知道为什么这些虾的身体是透明的，而其他动物的身体却不透明？原来，这些虾的身体内都具高度透明的肌肉组织和皮肤组织，而其他动物的皮肤内都带有很多色素细胞，这会使它们的身体呈现出不同的颜色。然而，透明虾和钩虾这些身体透明的动物的皮肤内都没有色素，所以它们的身体看起来很透明。

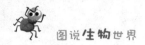 

# 蜈蚣：毒腺是我的秘密武器

"五毒"是指蜈蚣、蛇、蝎子、壁虎和蟾蜍这五种带有毒液的动物，而作为节肢动物成员的蜈蚣位列其中。

蜈蚣是单肢亚门里的成员，它们隶属于唇足纲。蜈蚣喜欢栖息在阴暗潮湿的地方，所以它们经常会出没在一些荒芜的茅草地上或一些有腐烂树叶的石头底下。蜈蚣的身体又扁又长，上边还长了很多只脚，头部两节为暗红色，背部为墨绿色或棕绿色。整体来看，都让人感到非常害怕。

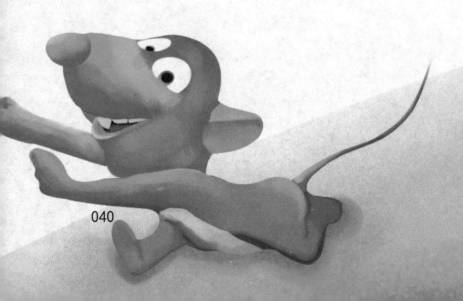

在生态链条上，蜈蚣主要吃的食物有食青虫、蜘蛛、蟑螂等。但是，蜈蚣也常常被吃，它的天敌非常多，比如老鼠、鸡等动物常常以蜈蚣为食。

蜈蚣为了保护自己，就会动用它们的毒腺。蜈蚣的毒腺长在头部下边，毒腺与附肢相连。在它们的两前足上各长有一对附肢，因为与毒腺相连，所以又被称为毒肢或毒爪。毒肢的末端成钩状。当蜈蚣受到敌人的攻击时，它们就会将自己的毒肢刺入侵害者的身体之内，然后释放出毒液。

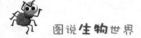 
　　蜈蚣分泌出来的毒液毒性比较强。当人类被蜈蚣蜇伤后,伤口处就会出现两个小瘀点,过一会儿皮肤就会变得肿胀。与此同时,还会伴有疼痛、灼热和刺痒等各种不适症状。中毒轻的话身上会起好几天的皮疹,中毒重的话,不仅被叮咬的地方会出现红肿,而且还会出现皮肤坏死的现象,并伴有呕吐、心悸、头疼、头晕等中毒症状。如果被蜇的是小孩子,可能还会有生命危险。

## 蝎子：要碰我就蜇你

蝎子和蜈蚣一样，身上都长有毒腺，并用毒腺来保护自己。

蝎子是节肢动物螯肢亚门的成员，它和蜘蛛同属于蛛形纲。

蝎子是一种非常古老的节肢动物，它们大概在 4.3 亿年前就出现在地球上了。全世界的蝎子种类约有 800 余种，我国有记录的 15 种，比如东亚钳蝎、斑蝎、藏蝎、辽克尔蝎等。

成年的蝎子体长为 50~60 毫米，它的躯体分节明显，由头部、胸部和腹部组成，通体呈黄褐色。蝎子的身体非常细长，还有一对大螯和一条能够弯曲且分节的尾巴。蝎子的武器就藏在尾巴上。

在蝎子的尾巴末端，有一根带有毒液的尾刺，是由一个呈钩状的钩刺和一个球形的底组成的。在球形的底部有一对卵形的东西，这就是蝎子的毒腺，毒液就是从这里分泌出来的。毒腺通过细管与钩刺相连，在蝎子的每个毒腺外边都包着一层薄薄的平滑肌纤维。当蝎子感觉到面临危险的时候，平滑肌就会迅速收缩，毒腺里的毒液就会通过细管和钩针尖端的两个针眼状开口射出来。

在蝎子捕食时，也会使用它的毒液。首先，蝎子使用它的触肢将

猎物(比如:蜘蛛、蟋蟀、小蜈蚣、多种昆虫的幼虫和若虫)夹住,然后,位于它后腹部的尾巴弯曲向身体的前方,用毒针刺向小动物,并释放毒液。

蝎子的毒液,能够杀死昆虫和小动物,但是,对于人类来说,不会造成太大的危害。不过,它的毒液还是会导致人的皮肤产生短暂的剧烈疼痛。

蝎子还是一种非常敏锐的动物,这体现在蝎子的听觉器官和感觉器官。在蝎子的触肢上长有听毛和缝感觉器。听毛即毛细胞为感受声波刺激的感觉上皮细胞;缝感觉器能对外骨骼张力的细微变化作反应,并且,它本身还具有感受和探测震动的功能。

因此,蝎子可以靠听毛和缝感觉器探测到猎物的位置,并准确出击,将猎物捕获。

有一种沙漠蝎,本领更是高强,它能通过听毛和缝感觉器,发现地下 50 厘米的猎物。

当蝎子捕获到猎物时,并不马上进食。它先用螯肢把猎物慢慢撕开,然后吸食其体液,之后再吐出消化液在猎物的身上。等于说它在没有把猎物吃进肚子里的时候,先在外面消化好猎物,再吃它们。

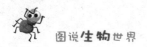 

# 蜜蜂:蜇伤了敌人毁了自己

　　电视剧《倚天屠龙记》中有一个外号叫"金毛狮王"的人。此人会练一种非常奇怪的武功,名叫七伤拳,这种武功在伤害别人的同时也会伤害自己。在节肢动物中也会有这样的事,比如蜜蜂就是这样的。

　　蜜蜂是昆虫纲膜翅目蜜蜂科的一种飞行群居昆虫。它们的体长在 7~20 毫米,身体颜色呈黄褐色或黑褐色。蜜蜂化石在第三纪晚始新世地层中已大量发现。当时显花植物在地球上比较繁盛,作为以花蜜蜜源为食的昆虫,那时出现自然而然。而且以后蜜蜂家族的发展与分布规律,也主要在花蜜蜜源比较富集的地区。

　　以花蜜为食的蜜蜂,自然也是一种益虫,在它们采集蜂蜜的同

时,还能够帮助很多植物传播花粉。蜜蜂是一种非常勤劳的昆虫,它们白天采蜜,晚上酿蜜,整天忙忙碌碌的。然而,这种可爱的小昆虫却没有掌握一种保护自己的好方法,往往在对付敌人的时候,还会

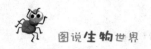 

搭上自己的性命,尤其是在蜇人的时候。

在蜜蜂的腹部末端长有毒针,毒针是由三根针组成,这三根针分别是两根腹刺针和一根背刺针。在毒针后边连接着它们身上的毒腺和内脏器官,而在两根腹刺针的前段却长有一些倒齿状的小钩子,这些小钩子能要了蜜蜂的命。

当蜜蜂蜇人的时候,会快速地将针刺入人体并排出毒液,然后慌忙地逃走。可是,在它们离开逃走的时候,腹刺针上的那些小钩子却将人的皮肤牢牢地钩住,在它们急于离开人类身体的时候,一部分内脏就会被拉扯出来。蜜蜂不像乌贼、章鱼那样有很强的再生功能,当它们没有了内脏了之后,就不能活命了。所以,蜜蜂如果不是受到特别大的危险是不会轻易蜇人的。

在自然界中,不仅人类可能成为蜜蜂的敌人,其他动物也有可能成为蜜蜂的敌人。当蜜蜂遇到那些身上覆盖着硬质表皮的动物的时候,它们的毒针还能够从中拔出来,而它们也不会死亡。在这些时候,蜜蜂就能成功地利用这种方式来保命。对于蜜蜂来说,这种自我保护的方法还是比较有效的,所以它们才会沿用至今。

在蜜蜂的群体中,雄蜂是不长毒针的。虽然工蜂和蜂王都长有毒针,但是蜂王的毒针只有在内部打架的时候才会使用。因此,能够用毒针来保护自己的只有工蜂。

# 蝗虫：吐出胃液也是一种自保

蝗虫属直翅目蝗科的一种昆虫。俗名又叫蚂蚱、蚱蜢。蝗虫长有六条腿；其躯体分为头部、胸部、腹部；它的头部长有触角、触须以及一对复眼；胸部上长有两对翅，前翅为角质，后翅为膜质；在其腹部第一节的两侧，有一对半月形的薄膜，是蝗虫的听觉器官；其后足腿节粗壮有力，外骨骼坚硬，善于跳跃，是名副其实"跳跃专家"。

蝗虫属于植食性昆虫，喜欢吃树叶、幼苗以及庄稼等，它的天敌也比较多，诸如鸟类、禽类、蛙类和蛇等。

蝗虫种类繁多，在全世界大约有 1.2 万种。其生命力极其顽强，无论在山地、森林、低洼、草原，还是在干旱的沙漠戈壁都能见到它们生存的踪迹。特别是在天气大旱的时候，蝗虫特别常见，并且在农业种植上会带来大范围、严重的次生灾害。我国的历史书籍中就有广泛的蝗虫灾害记录，比如《诗经·小雅·大田》中写道："去其螟螣，及其蟊贼，无害我田稚。"螣者，指的就是蝗虫。唐代诗人白居易在《捕蝗》诗中写道："始自两河及三辅，荐食如蚕飞似雨。雨飞蚕食千里间，不见青苗空赤土。"这反映了当时蝗灾的危害性。明代徐光启在《农政全书》一书中，也记载了一次更严重的蝗灾："水旱为灾，尚多幸免之处，惟旱极而蝗。数千里间，草木皆尽，或牛马毛幡帜皆尽，其害尤惨过于水旱也。"大意是，蝗虫所到之处，草木树苗皆被蝗虫蚕食殆尽，更别说庄稼了。因此在古代农业社会，水灾、旱灾、蝗灾并列为三大自然灾害。

因此，捕捉蝗虫也成为农业生产中，一项特别的"节目"。相信很

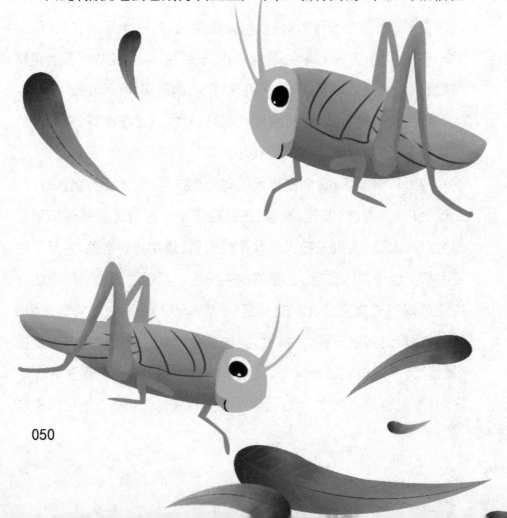

多人都有过逮蚂蚱的经历。在田间的草丛中，到处寻找它们的踪迹，逮住之后抽根狗尾草将它们串在一起。

那么，在将这些蚂蚱串起来的时候，你是否注意到这些蚂蚱的嘴里总会吐出一些颜色跟酱油相近的液体，这些液体粘在手上总是很难洗掉。

问题是，蚂蚱吐出这些液体具有什么作用呢？

原来这些酱油色的液体是蚂蚱的胃液。这其实是蚂蚱的一种非常奇特的自我保护方法。蚂蚱吐出来的胃液虽然不像蝎子、蜈蚣分泌出来的液体带有毒性，但是这种液体却带有一种刺激性气味，会使那些以蚂蚱为食的鸟儿或其他动物望而却步。所以每当蚂蚱遇到天敌的时候，就会把肚子鼓起来将胃液吐出来保护自己。

不仅如此，有些蝗虫还非常喜欢带有臭味的树叶，其中带有特殊气味的桉树是其最爱。它们会将大量的桉树叶子吃进肚子里之后再吐到自己的身上。难闻的呕吐物会让那些虎视眈眈的捕食者避而远之。

即使有些捕食者自不量力地将这些满身呕吐物的家伙吃到自己的嘴里，也会因为这些呕吐物的味道难闻而吐出来。所以说，它们根本就无法伤害到这些蝗虫。

蝗虫就这么靠吐出胃液而保护了自己。

# 蟋蟀：断条大腿送给你

你们见过两只蟋蟀相斗吗？当其中的一只蟋蟀将另一蟋蟀打败了之后，另一只蟋蟀就会将自己的一条大腿切下来。它们为什么会对自己如此残忍呢？

蟋蟀属昆虫纲直翅目蟋蟀科，别名促织、趋织、吟蛩、蛐蛐儿。因其鸣声好听而闻名遐迩，常被人们拿来饲养观赏听鸣，特别是相斗取乐。它们主要以植物茎叶、种实和根部为食，被人们认作是农业害虫。

蟋蟀喜欢独居，不喜欢和同伴居住在一起。特别是雄性蟋蟀之间的关系简直可以用"水火不容"来形容，在它们彼此之间谁也容不下谁，一旦碰到一起，就会相互咬斗。如果到了繁殖的季节，雄性之间为了争夺配偶会斗得更加厉害。

可以说，蟋蟀与蟋蟀之间的咬斗是非常惨烈的，它们甩开大牙、蹬腿鼓翼的架势，绝不逊于古代两国交战时的肉搏战。在蟋蟀的战场中中往往不斗个你死我活是绝不会罢休的。如果一只蟋蟀战败，它就会自动地将自己的一只大腿给切割下来。

　　虽然这看起来残忍，但这实质上是战败者的一种自卫方式。因为这种自残的方式可以迷惑对方，并告诉对方自己已经战败，希望对方给自己留一条性命，战败者还可以趁着对方犹豫之际赶紧溜掉。

　　蟋蟀的大腿掉了之后还能再生吗？其实，蟋蟀并没有章鱼、乌贼等动物那种很强的再生功能，但是它们断掉一条大腿并不会像人类一样会给生活带来诸多不便。用一条无关紧要的大腿来换取自己的一条性命，这对蟋蟀来说还是划算的，所以它们会选择这种方法来保护自己。

# 象鼻虫：装死也是一种自卫方法

有很多的肉食动物在寻找食物的时候都不会对已经死亡的动物感兴趣，所以很多小动物就会利用这一点来躲避那些食肉动物的追杀。比如，在拉丁美洲有一种名叫负鼠的哺乳动物，当它们遇到像狼、狮子等这些比较大型的食肉动物的时候，就会装死，来逃避敌人的追杀。食肉动物一看负鼠已经"死"了，就会失望而去。

其实，装死并不是哺乳动物的专利，在节肢动物中也有一些成员会这样的本领。比如象鼻虫。

一提到象鼻虫相信你一定会感到非常好奇，是什么样的动物才会有这么奇怪的名字呢？

象鼻虫是昆虫纲鞘翅目昆虫中最大的一科，它也是昆虫王国中种类最多的一种，全世界已知的象鼻虫种类达 600 多种。我国台湾地区盛产象鼻虫，约有 140 种。

象鼻虫的长相非常特别，当你看到它的时候，相信你的第一个反应就会想起大象。因为在象鼻虫的头部长了一个长长的"鼻子"，它的长度几乎能占到身体长度的一半，看上去就像一只微型大象。

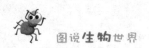 
因此，它才有了象鼻虫的称呼。

只不过象鼻虫长长的"鼻子"，并不是它们的鼻子，而是它的用来咀嚼食物的"口器"。

象鼻虫除了具有长长的鼻子以外，身上还包裹着一层厚厚的外壳，这使象鼻虫看上去像是穿了一层厚厚铠甲的武士。也正是因为象鼻虫有这一层厚厚的"铠甲"，才使很多动物都不愿意以它为食。这样一来，象鼻虫就少了很多天敌，它的生命安全也因此得到了保障。然而即便是这样，象鼻虫还是觉得自己不够安全，于是它还练就了很多本领来保护自己，其中最有意思的就是装死。

象鼻虫坚硬的外壳虽然使很多肉食动物都不屑于以它为食，但

是总有一些动物就偏偏喜欢吃象鼻虫。在象鼻虫遇到这些动物的时候，就会躲藏起来，直到这些动物走开了，它才会出来。

如果这些动物依然慢慢地靠近象鼻虫，它就会使出自己的最后一招——装死。

在象鼻虫装死的期间，你会发现象鼻虫突然仰面朝天地躺在地上。与此同时，它还会将自己的六只脚缩在一起，一动不动。任凭别的动物怎么逗弄，它都不会动弹一下，看上去就像是真死了一样。

这样一来，那些想要吃象鼻虫的动物只好无可奈何地走开。而象鼻虫在发现敌人走开之后，就会慢慢地伸展开四肢，拍打着翅膀飞走。

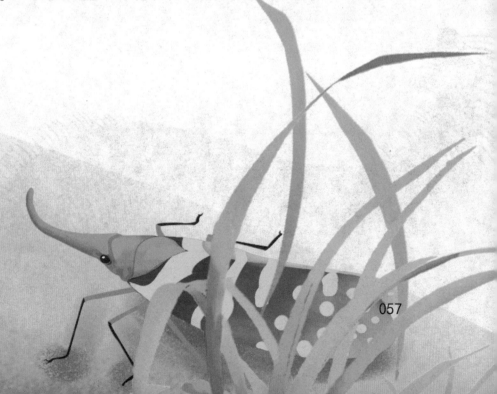

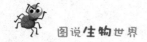 

# 马陆：神通多变的自卫方式

　　在节肢动物中，有一种动物跟蜈蚣长得非常相似，它们的名字叫马陆。马陆虽然跟蜈蚣同属于一个亚门，但它们却属于不同的纲，蜈蚣属于唇足纲，而马陆则属于倍足纲。

　　马陆，身体呈黑、红相交条纹状，或呈黑、黄条纹状，其黑色部分，赤黑发亮，十分夺目。马陆属于昼寝夜出的那种动物，它的食物主要包括植物的嫩叶、嫩芽及幼根，有时也吃一些腐殖质。

在田间马陆被看作是破坏者，但是在大森林里，马陆却是生态系统重要的参与者与分解者。据统计，马陆对森林里的凋落物、朽木等植物残体的分解量占该地区年平均凋落物量的 21%。

马陆，还有一个名字比较霸气，叫"千足虫"。所谓"千足"说明它的脚很多。事实上马陆并没有一千只脚。在美国加利福尼亚州硅谷，科学家发现拥有最多脚的马陆，有 750 只脚。通常情况下，马陆的脚在 200 对以内。

马陆的脚虽然很多，但是行走对于它们来说并不是长项，它们行走的速度非常缓慢。行动如此缓慢的动物如果没有一些办法来保护自己的话，很难在自然界生存。

马陆为了自保，就需要想出一些自卫方式，其中分泌臭液、装死，就是两大绝招。

马陆的身体内含有臭腺，在身体的两侧。当马陆遇到天敌的时

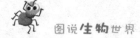 
候,这些臭腺会释放出臭气。臭气是一种强酸,虽然没有毒性,但是具有很强的刺激性气味。

据科学家研究发现,有些大型的马陆能将臭气喷出数十厘米外。那些喜欢吃肉或杂食性动物,比如家禽和一些鸟类,闻到这种刺激性气味的时候,就会赶紧离开。

除分泌毒液之外,马陆在装死方面也有天赋。

当马陆感觉危险来临,或者受到惊吓时,马陆会在瞬间把自己的身体蜷成一团,并一动不动;或者顺势滚到一旁。外部威胁消除之后,它才伸直身体爬走。

# 竹节虫：伪装界的高手

竹节虫是昆虫纲有翅亚纲竹节虫目的昆虫。它体形细长，体长10~30毫米。最大个的竹节虫有260毫米。竹节虫主要生活在热带或亚热带地区。我国有20多种竹节虫，主要分布在海南岛、云南、贵州、湖北等地区。

竹节虫的生殖非常特别，通常情况下，它们交配之后会将单粒的卵产在树枝上，虫卵需要经过1~2年才能孵化幼虫。更奇怪的是，在竹节虫家族中，有些种类属于"孤雌生殖"。即雌性不和雄性交配也能产卵，并育出下一代。

竹节虫属于"不完全变态"的昆虫，即它们的幼虫和成虫的外部体形很相似，只是幼虫个头更小而已。它们常在夜间爬到树上，经过几次蜕皮后，逐渐长大为成虫。

竹节虫主要生活在灌木、乔木林或竹林中，以叶子、叶柄为食物。它们跑不快，很容易成为其他动物的猎物，因此，竹节虫就需要一点本领来保卫自身的安全。

从竹节虫身体的颜色来看，有的呈褐色，有的呈草绿色，有的呈深绿色。这就是竹节虫自卫的一种方式。比如，生活在竹林中的竹节虫常常潜伏在竹叶上，有时靠近茎柄，当它的几条腿同时紧贴身体时，无论形状和颜色，就像竹节一样，不易被发现，因而名为竹节虫。这就是竹节虫的拟态和拟色保护。

竹节虫仅拟态和保护色的自卫方式就有很多种，比如：当它在森林里的叶子上时，能伪装成叶子的形状与颜色；当它在枯枝和枯叶的地方时，它会变成枯枝的颜色和形状。如果不仔细辨认，很难将竹节虫辨别出来。

那么，竹节虫是如何做到这一点的呢？原来，竹节虫能根据光线、湿度、温度的差异等，改变体色，使它的整个虫体和其所在的周围环境一样。如此一来，竹节虫的天敌——鸟类、蜥蜴、蜘蛛等，很难发现它的存在。

竹节虫还有一种"闪色法"，当它遇到天敌时，它会放射出短暂的五彩光芒，借这个短暂的闪光，竹节虫就可以趁机溜走。

除此之外，竹节虫还会装死，当它正在树枝上啃吃叶茎遇到危险时，它就会主动跌落到草丛里，把身体紧缩起来装死，然后趁机逃走。生活在海南岛地区的一种竹节虫，其体形就像一片树叶。当有危险时，它还能伪装成被其他昆虫蚕食过的枯叶状，堪称伪装界的大师。

# 节肢动物的外交政策

关键词:寄居蟹、海葵、海葵虾、红海葵、灰蝶、蚂蚁、蛱蝶、夹竹桃、豆蟹、扇贝、枪虾、虾虎鱼、蚜虫

导　　读:大自然中的物种千千万万,形成彼此和谐的生物圈,一种生物想要长久地生存下去,没有一些好朋友的帮助是不行的。节肢动物的成员也不例外,它们也需要跟外界的生物相接触,只有这样,它们才能更好地适应大自然,从而更好地生存下去。

# 寄居蟹与海葵的合作关系

　　海洋世界是一个险象环生的世界,生活在海洋中的小动物要想安安稳稳地生活光靠自己的力量是远远不够的。这些小动物非常聪明,它们会选择和其他动物进行合作,从而达到取长补短的效果,借此来提高自己的生活质量。在海洋中的寄居蟹跟海葵就是这种合作关系。

　　寄居蟹又被称为"白住房"或"干住房",是节肢动物甲壳亚门的成员。寄居蟹的腹部非常柔软,可以将整个身体蜷入软体动物的贝壳中。它们一旦进入软体动物的贝壳

中,就会将软体动物的肉给吃掉,然后把软体动物的贝壳占为己有。

也正是因为如此,人们才会称它们为"白住房"。

　　在所有的贝壳之中,寄居蟹最喜欢海螺的贝壳。因此,它们经常居住在海螺的贝壳里。寄居蟹小的时候会住在一些比较小的螺壳里,随着它们体形的不断增大,它们就会换一个更大的螺壳。

　　海葵也是一种海洋无脊椎动物,它们是珊瑚的一种。海葵是一种长得非常像植物的动物,它们看上去像美丽的花朵,但是它们却是一种捕食性动物。

　　海葵的行动非常缓慢,它们从一个地方移动到另一个地方是相当困难的,这也给它们捕食猎物带来一定的困难。但是海葵非常聪明,它们虽然移动缓慢,但是可以借助外力来移动自己的身体。海葵要借助的外力就是寄居蟹。

　　海葵除了依附在岩礁上以外,更喜欢依附在寄居蟹住的螺壳上,因为寄居蟹是一种非常喜欢在海洋中四处游荡的动物,如果海葵依附在寄居蟹的螺壳上的话,寄居蟹就会带着它们到处游荡。

　　这样一来,无疑扩大了海葵捕食猎物的范围,这要远比依附在岩石上等着猎物靠近要好得多。所以,当寄居蟹要换一个新的螺壳的时候,海葵也会跟着它到新的螺壳上。

寄居蟹并不是平白无故地帮助海葵,它们也会从海葵那里得到一些好处。对于寄居蟹来说,海葵是一种很好的伪装工具。由于海葵长得非常像植物,如果海葵依附在它的螺壳上,就会把它的真实面目掩藏起来,让那些喜欢食肉的海洋动物对它们失去兴趣。

另外,海葵还能够分泌出一种帮寄居蟹杀死它们天敌的毒液,更加有助于保护寄居蟹的生命安全。

# 海葵虾与红海葵的联合生存之道

海葵虾属于十足目藻虾科的小型虾种,通常身长在 1.5 厘米左右。它们样子美丽可爱,身上布有白色环状斑纹,在水中常常高高地翘起它的尾部,因此它被人们称之为"性感虾"。

海葵虾主要生活在印度洋和太平洋水域,一般在水深 10～20 米处的岩礁群处活动。海葵虾属于杂食性节肢动物,但在它的食物名单上,肉食占据很大比例。

提起海葵虾,自然要说一下红海葵。因为海葵虾与红海葵的密切合作关系,才有海葵虾这个名字的由来。

红海葵是属于腔肠动物门的一种无脊椎动物。因为这种海葵通体呈红色,故名红海葵。由于海葵没有骨骼,它必须把身体固定或粘附在其他物体上,才能生存。为了不被海水肆意冲走,它通常借助身体底部的吸盘紧紧地吸附在泥土、岩石、贝壳或蟹壳上生活。

别看红海葵没有骨骼,看起来比较柔弱娇小,但它依然有捕食的本领。在它身体的上端长有一个类似圆盘状的"口",那就是它吃食物的嘴巴,在它嘴巴的周围长了柔韧的触手,这些就像丝线一样的触手在水中不停地摇摆，以捕食路过的小生物。它的触手多达200余只。这就极大地增加了其捕获食物的概率。

不止如此，红海葵的触手上还分布有带有剧毒的刺，这些毒刺会把捕获的猎物杀死。然后，红海葵才把猎物吃进肚子里。

海葵虾和红海葵各有所长，也各有所短：海葵虾善于捕食和快速游动，缺点在于它的个头太小，常常因为捕猎而成为被猎者，说到底，它的自卫能力不高；红海葵的优点在于，它有许多长有毒刺的触手，这些有毒的触手能对猎物发起致命的攻击，弱点是，它行动太过缓慢，很难捕获到食物。

海葵虾和红海葵之间就取长补短，发挥各自优势合作生存、捕食。海葵虾会用其前肢的大螯夹住红海葵，四处在水中觅食。当有猎物出现时，海葵虾便会把红海葵举到最前面，用其有毒刺的触手攻击猎物，当猎物因为中了红海葵的毒素之后，海葵虾便将其取食。同时，当海葵虾遇到危险时，红海葵也会依靠它有毒的触手，帮助海葵虾，化解危机。海葵虾也因此没有了后顾之忧，可以自由自在地在海中游荡捕食。

在它们合作的过程中，会捕获很多食物，海葵虾吃不完，自然就会分给红海葵享用。两者之间，就这么形成一种互惠互利的共生关系。

# 灰蝶与蚂蚁做朋友

　　蝴蝶和蚂蚁这两种动物虽然都是节肢动物六足亚门昆虫纲的成员，但是一个是在地上爬的，一个是在天上飞的，好像并没有什么联系，但是，这貌似没有联系的两种动物却能够做朋友。

　　灰蝶是一种小型蝴蝶，它们的种类非常多，在全世界大约有6000多种，除了南极洲大陆没有灰蝶之外，其他地方大都能够看到灰蝶的踪迹。灰蝶翅膀的正面通常是以黑色、褐色和灰色为主，有些灰蝶的翅膀上还带有绿、蓝、紫等金属色。除此之外，灰蝶的翅膀上还会带有一些不同的斑纹。

　　灰蝶常常在半空中飞舞，它们怎会和蚂蚁成为朋友呢？这得从灰蝶的幼虫说起了。灰蝶的幼虫和所有蝴蝶的幼虫一样是一种毛毛虫。这种毛毛虫非常奇怪，它有一种非常特殊的腺体，腺体能够分泌出像花蜜一样的甘露。甘露对于蚂蚁来说简直就是至上美味，所以它们会经常在灰蝶幼虫身边围绕。更为奇怪的是，澳大利亚的有些蚂蚁居然还会为这些灰蝶幼虫建造"金屋"，将这些灰蝶的幼虫圈养起来，这样就能更容易地从它们那里得到甘露了。

蚂蚁在接受灰蝶幼虫馈赠的同时，也会为灰蝶幼虫提供帮助。各种鸟类、蛙类或大一些的昆虫都是灰蝶幼虫的天敌，它们都非常喜欢拿灰蝶幼虫当食物。如果蚂蚁生活在灰蝶幼虫的身边，无疑成了灰蝶幼虫的贴身保镖，而且这个保镖十分尽职尽责，只要有捕食者来捕食灰蝶幼虫，它们就会成群结队地将那些心怀不轨的捕食者赶走，甚至还会将那些捕食者给消灭掉。

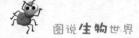 
即使像鸟类或蛙类这些大型的捕食者见到有蚂蚁包裹着的灰蝶幼虫，也不会轻易去招惹它们，因为如果想要吃掉灰蝶幼虫，就必须连同蚂蚁一起吃到肚子里。蚂蚁的味道不佳不说，有的甚至还会有毒，所以这些捕食者宁愿吃其他食物，也不愿意去触碰那些被蚂蚁保卫着的灰蝶幼虫。

看到这里你们可能非常奇怪，难道这些蚂蚁不吃灰蝶幼虫吗？可以说灰蝶幼虫是非常聪明的，它们分泌出来的甘露，不仅营养丰富，还有制服蚂蚁的化学物质，有的灰蝶幼虫能够发出一种奇怪的声音，在蚂蚁想要吃它们的时候对蚂蚁发出警告。

# 蛱蝶和有毒的夹竹桃互惠互利

蝴蝶在人们的眼中是一种非常美丽的昆虫,尤其是它们那绚丽多彩的翅膀更是引人注目。正是因为如此,三亚的蝴蝶谷便成了让人向往的好去处。三亚的蝴蝶谷位于亚龙湾小龙潭后部,这里不仅小溪潺潺,树绿花繁,最重要的是在这绿树繁花之间还飞舞着成千上万只色彩斑斓的彩蝶。

这不仅让很多人感觉到诧异,为什么蝴蝶喜欢在这些地方徘徊而不飞往其他的地方呢?因为这里生长着很多蝴蝶的寄主植物,蝴蝶的生活离不开这些为它们提供食物的植物。

寄主植物是蝴蝶生活中不可缺少的一部分,不同的蝴蝶有不同的寄主植物。凤蝶的寄主是马兜铃、芸香、木兰、各种豆类等;蛱蝶的寄主植物是各种豆类植物、荨麻、杨柳、榆树等;斑蝶的寄主植物是夹竹桃、菊等。一个地区分布的植物不同,也就会有不同种类的蝴蝶。如果一个地区没有这种蝴蝶的寄主植物,那么这种蝴蝶肯定不会在这个地方出现。

大多数蝴蝶的寄主植物体内都含有特殊的化学物质。就拿夹竹

桃来说,在它们分泌出来的乳白色的液体中含有一种名叫夹竹桃苷

的有毒物质,这种物质对于大多数昆虫来说都足以致命。这种物质不仅分布在夹竹桃的茎、叶中,就连植物的花朵中也有。这是夹竹桃的一种自我保护的方式,它们的目的就是为了防止昆虫来食用自己的花或叶。虽然这样对夹竹桃有利,但是也有弊端,那就是没有多少动物敢给夹竹桃的花朵传粉了。

奇妙的是,夹竹桃上的有毒物质虽然对大多数昆虫有毒害作用,但是对于蛱蝶来说却没有任何危害性。蛱蝶不仅能够将夹竹桃上有毒的化学物质进行代谢,还能够将代谢物积聚在自己的身体内,转换成对付天敌的武器——毒液,让那些心怀不轨的天敌望而却步。正是因为如此,蛱蝶喜欢在夹竹桃上生活,还将它们的卵产在上边。同时,蛱蝶也就担当起了帮助夹竹桃传粉的重任,夹竹桃的花朵中有 5 枚花药,在夹竹桃花柱的柱头能够分泌出一种透明的液体,这种液体具有黏性,粘着花药的顶端。这样一来,花药就形成了上窄下宽的缝隙。夹竹桃会选择那些有细口器的昆虫来为自己传粉,因为粗口器的昆虫会破坏花朵,而专门靠夹竹桃生活的蛱蝶就长有这样的细口器。

其实,不只有蛱蝶和寄生植物能够相互帮助,任何蝴蝶和寄生植物之间都能够形成这种互惠互利的合作关系,这就是大自然给这个多姿多彩的世界设定的一种特殊的生存法则。

# 豆蟹和扇贝的纯洁友情

在节肢动物甲壳亚门中，有一种螃蟹叫豆蟹。豆蟹是世界上最小的螃蟹，它们的个头非常小，成年蟹也只有豆粒那么大，因此才有了"豆蟹"这么一个奇怪的名字。

豆蟹因为个头太小，除了外壳和内脏以外，身上基本就没有什么肉了，因此它对人类来说是没有任何实用价值的。

扇贝是一种软体动物，因为贝壳形状像扇子，才得了扇贝这个名字。豆蟹跟扇贝是朋友关系，它们的友情是建立在相互配合、相互帮助的基础上。

豆蟹非常弱小，这就给它们的捕食或防御带来了一定的困难，所以它们就需要寻找一些"保护伞"才能保证自己的生命安全。对于它们来说，最好的保护伞莫过于扇贝身上背着的贝壳。扇贝的贝壳不仅可以给豆蟹提供避难场所，还能够给它们提供食物。

当豆蟹遇到危险的时候,它们就会搅动扇贝的软体,而此时负责掌管贝壳张合的肌肉因为受到豆蟹的刺激,就会快速地将贝壳闭合上。这样一来,豆蟹无疑就像就进入一个防空洞里,无论外边有什么动静,都奈何不了它们。

扇贝是如何给豆蟹提供食物的呢?在扇贝的体内生长着许多微生物和有机碎屑,这些对于豆蟹来说都是美味。当扇贝的贝壳打开的时候,豆蟹就从扇贝的肉体上寻找微生物和有机碎屑来充饥。除此以外,扇贝的粪便对于豆蟹来说也是美食,所以当扇贝的贝壳闭合的时候,豆蟹也能用它们的粪便来充饥。

豆蟹对于扇贝来说也是有帮助的, 它可以帮助扇贝驱赶天敌。扇贝有一个天敌叫红螺。

红螺也是一种软体动物, 它虽然跟扇贝是有点儿血缘关系,但是却喜欢以扇贝为食。它们非常狡猾,体里能够分泌出一种黄色的带有辛辣气味的有毒液体,这种液体具有麻醉作用,尤其是对于扇贝来说效果更加明显。

当扇贝打开贝壳的时候,红螺会趁机将毒液注入扇贝的闭壳肌里,使扇贝的闭壳肌因为被麻痹而不能闭合,然后就能轻而易举地将扇贝的肉给吃掉。如果扇贝体内有豆蟹,事情就会发生转机,因为当红螺去吃扇贝的时候,豆蟹就会把自己双螯举起来,可以将企图吃扇贝的红螺给赶走。

即便一时半会儿赶不走红螺,豆蟹也会一直守护在扇贝身边,直到扇贝慢慢地从麻醉中苏醒过来,然后将贝壳关闭。这样一来,便保住了扇贝的性命。

# 枪虾和虾虎鱼的共生

在提到鱼和虾的时候,人们常常会说:"大鱼吃小鱼,小鱼吃虾米。"于是,海洋动物世界里的小虾好像天生就是为了给鱼类填饱肚子而存在似的。

可是你们知道吗,并不是所有的鱼都会吃虾,也不是所有的虾都会被鱼类给吃掉,有些虾还能跟某一种鱼之间相互帮助,形成奇妙的共生关系。枪虾和虾虎鱼就属于这一类。

枪虾生活在热带海洋中的浅海地区。它们的长相非常奇怪,其中一只螯大,另外一只螯小,身长只有 5 厘米左右,它们那只最大的螯的长度就能占到体长的一半。

别看枪虾的个头不大,但是它们捕捉食物的时候却是相当厉害。在枪虾捕食的时候,它们会将那只大螯迅速地合上,喷出一道水柱,水柱的水流速度非常快,可达到 100 千米 / 小时,相当于小汽车在高速公路上的速度了。如此快的水流速度,无疑会对海洋里那些小鱼小虾有着巨大的杀伤力。一旦枪虾遇到可以捕捉的事物,就会喷出水柱,将猎物击伤或击昏,甚至有时候还会将猎物给直接击死。

这对于它们捕捉猎物起到至关重要的作用。

枪虾虽然厉害，但是它们大多数都是瞎子。不管是什么动物，一旦失去了视觉，在捕食和防御上都会处于劣势。尽管如此，枪虾是不会挨饿或等待着天敌来捕捉自己的。它们的眼睛虽然看不见，但是，它们却懂得寻找一些有眼睛的动物一起生活。枪虾寻找的合作伙伴就是虾虎鱼。

虾虎鱼栖息在热带海域中，它的体型又细又长，颜色看起来都很明亮，不过，在欧洲有一种水晶虾虎鱼的体色是透明的。

虾虎鱼喜欢栖息在沙土的洞穴中，但由于身体构造的缘故不适合挖掘洞穴。而拥有大螯的枪虾却非常善于挖掘洞穴。虾虎鱼需要洞穴，而枪虾需要一双好眼睛，为了能够取长补短，于是，它们就生活在一起了。

生活在一起的枪虾和虾虎鱼各自都有分工，由枪虾来负责挖掘洞穴并负责日常清理卫生的工作，而虾虎鱼就坐在它们洞穴的入口处，看着枪虾来回地清理它们洞穴的卫生，同时也帮着枪虾注意观察周围的环境。

当枪虾将里面的泥沙运出来的时候，它会将自己的一根触须搭在虾虎鱼的身上。当危险出现的时候，虾虎鱼就会用摆动身体的方式通知枪虾。枪虾收到虾虎鱼发出的危险信号之后，就会飞快地逃回洞中。

　　这种取长补短的合作方式,不但可以起到保护枪虾生命安全的作用,而且还可以为虾虎鱼提供一个舒适的生活环境,实在是让人拍案叫绝。

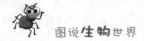 
# 蚂蚁与蚜虫的合作关系

蚂蚁非常擅长合作,在生物界的共生关系非常广泛,它不是跟这个生物合作,就与那个生物合作。它们除了跟灰蝶和植物合作以外,还跟一种叫蚜虫的昆虫合作。

蚜虫又被称为腻虫或蜜虫。它们对植物来说百害而无一利,因为它们喜欢在植物的花蕾、嫩茎、嫩叶或嫩芽等地方吸食植物的汁液。当植物被蚜虫吸食了汁液之后就会出现植株矮小、叶子卷缩,有的植物甚至不能顺利地开花结子,从而影响它们的正常生长发育。可以说,蚜虫对植物的危害是极大的。

蚜虫可谓是植物的头号敌人,不过,有一种动物却将它们视为好朋友,那就是蚂蚁。

蚂蚁跟蚜虫的友情是建立在食物的基础上的。

083

原来，蚜虫在吸食植物的汁液时，会分泌出一种含有糖分的物质，这种物质被称为蜜露。而蜜露是蚂蚁最爱吃的美食，所以它们巴不得跟蚜虫称兄道弟。

蚂蚁为了让蚜虫给自己制造出更多的蜜露，还经常用自己的触须轻轻抚弄蚜虫，给蚜虫"按摩"，这会让蚜虫感到特别舒服。蚜虫舒服了，自然就会给蚂蚁制造蜜露了。

当然了，蚂蚁光靠按摩这种"小恩小惠"还不足以赢得蚜虫的友情。因此，蚂蚁就得给蚜虫一些其他的好处，那就是帮助蚜虫照顾它们的幼虫。

蚜虫的成虫一般都是在秋天产卵。秋天到来的时候，蚂蚁就开始了自己的收集工作，它们会将蚜虫产的卵运回自己的洞穴中，并细心地照料起来。

等到第二年春天到来的时候，蚜虫从卵里孵出来之后，蚂蚁就会帮助蚜虫的爸爸妈妈将小蚜虫运送到地面上，让它们生产自己需要的食物。这样一来，蚂蚁就为小蚜虫的生命安全提供了保障。

生活在北美洲的一种蚂蚁更有意思，它们将蚜虫的虫卵视如己出，并在自己的洞穴里悉心照料。等到蚜虫从卵里孵出来之后，它们会将蚜虫放在细嫩的草根处，让它们饱餐。一棵植物的根吃完了，蚂蚁会带着它们去另一棵植物的根处。

# 节肢动物的奇怪行为

关键词：苍蝇、叩头虫、蝗虫、屎壳郎、雄蝈蝈、蜜蜂、蜻蜓、蚂蚁

导　　读：节肢动物物种丰富，形态千奇百怪，而且有些种类的行为也十分奇怪。

# 苍蝇为什么用脚尝便便的味道

　　苍蝇可以说是广为人熟知且最招人厌烦的一种动物了——它们总是对于那些能够散发出臭味来的东西有一种特殊的偏爱。比如腐烂的食物、垃圾，甚至是各种动物的粪便，它们都会趋之若鹜。

　　苍蝇的食性很杂，意思是这家伙什么都吃，无论香、甜、酸、臭，照单全收。苍蝇吃食

086

时,有个很大的特点,即当它吃固态食物时,会吐出一种叫"嗉囊液"的物质,来溶解食物。而且苍蝇"用餐"习惯不佳,喜欢边吃、边吐、边拉。据统计,在食物充分时,苍蝇在"用餐"过程中每分钟排便次数可达 4~5 次。当然,这种用餐方式对于苍蝇而言有个好处,它可以在瞬间把体内细菌排泄出来。一般情况下,从进食、吸收养分,到将废物排出体外,只须 7~11 秒。 可以说苍蝇以迅雷不及掩耳之势完成了 "吃喝拉撒"的流程。

虽然说苍蝇对于香、甜、酸、臭照单全收,但是它对口味也有辨别。那么,苍蝇又是如何辨别食物口味的呢?

原来,苍蝇用它的脚来"品尝"食物的味道。

我们知道,大多数动物都是用嘴来吃东西,在食用这些食物的时候,还能顺便品尝一下这些食物的味道。这是因为,大多数的动物的口腔中都会有舌头,舌头上边长满了很多味蕾,当动物在吃东西的时候,就会刺激到味蕾,就能够感觉到酸、甜、苦、辣、咸等味道。与此同时,还能感觉食物的冷、热等。

可是苍蝇怎么会用脚来品尝食物的味道呢?

苍蝇之所以用脚来品尝食物的味道,则和它们的味觉器官有关。和人类一样,大多数动物的味觉器官都是长在口腔中的,可是苍蝇却是个例外,它们的味觉器官长在口器上,而它们的脚上也长有很多味觉毛,这些必须通过高度精密的电子仪器才能够看到。

正是因为苍蝇的腿上有味觉毛,所以它们在看到食物的时候,会先用脚在食物上踩一下,来品尝一下食物的味道。如果食物的味道符合它们的口味,它们才会用口器来吃东西。

苍蝇经常用脚来品尝东西,上边肯定会沾上很多食物,不仅会影响它们的飞行,还会影响苍蝇对食物味道的判断,所以我们会经常看到它们不停地搓脚。

# 叩头虫为什么爱磕头

叩头虫又叫磕头虫，属于节肢动物门鞘翅目叩甲科的一种昆虫。其种类很多，全世界已经发现的就达 8000 多种，在中国已知约600 种。

叩头虫全身呈现黑色，就像一位身穿甲胄的武士。叩头虫对人类来说是一种害虫，因为它主要以农作物的根茎为食，能够给农作物的生长带来极大的危害。

不过，叩头虫非常有趣，如果将其放到地板上，用手按住它的肚子，它就会用头和前胸拍打着地板，看上去像是磕头一样。因此，人们才给它起名叫磕头虫。更有意思的是，如果让它仰面躺在地板上，它会用前胸和头向前一跃就能将自己的整个身体弹起来，并发出"咔咔"的响声。

相信大家一定会非常好奇叩头虫怎么会有这样的功能呢？

原来，在叩头虫的前胸背板与已经硬化了的鞘翅底部有一条横缝，而在前胸腹板有一个向后伸的楔形突，正好插入中间胸腹板的凹沟内，这样就组成了弹跃的构造。

当叩头虫仰面躺着的时候，先将头和前胸往后仰，而此时后胸和腹部就会向下弯曲，这样一来，身体就会形成了一个弓形，身体中间部分也会顺势离开地面，这时候肌肉再用力收缩，前胸和中胸就

会迅速收拢,用背部撞击地面,身体就会借着地面的反冲力弹起来,与此同时,它的身体也会快速翻转。

那么叩头虫为什么要磕头呢?难道它们仅仅是为了表演给其他动物看吗? 它之所以叩头是别有目的的。

第一, 叩头是为了逃脱或越过障碍。

求生是很多动物的本能,对于叩头虫来说也不例外,它不断地磕头其实也是一种躲避危险的方式。因为它们不断地扭动身体叩头,可以帮助它摆脱敌人的魔爪。

当你将叩头虫拿在手里把玩的时候就会发现,这些小家伙越是不断地磕头,你就越是难以拿住它。有的时候,它会顺势从你的手里挣脱掉。

另外,叩头虫磕头还能帮助它们越过障碍。叩头虫仰面弹起的高度相对来说比较高, 一般一个叩头虫仰面弹起的高度能够达到30 多厘米,这在一定程度上可以帮助叩头虫跨越一些障碍,更有助于它们躲避危险。

第二,叩头也是传递信息和吸引异性的方式。

叩头虫叩头的时候会发出"咔咔"的声音,这其实是它们的一种"语言",即它们通过发出不同的声响,向自己的同伴传递信息。在雄性叩头虫向异性求偶的时候,就会利用这种"语言"来表达爱意。

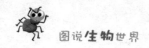 

# 蝗虫为什么要吃掉自己的外骨骼

大多数节肢动物的体外都会长有一层几丁质的外骨骼,长到一定阶段的时候,它们就会将原来的外骨骼脱掉,慢慢地长出新的外骨骼。这个生长过程在每一个成员的身上都会经历,它们每换一次外骨骼,身体就会飞速地增长一次。节肢动物换外骨骼的现象又被称为蜕皮。

正是因为节肢动物有蜕皮的现象,所以在野外经常会看到一些节肢动物蜕换下来的外骨骼。

可以肯定的是,作为节肢动物家族的蝗虫,一样能够蜕皮。可是在自然界中为何没有发现过蝗虫蜕下来的皮呢?它们蜕下的皮到底又去了哪里? 这些还要从蝗虫的生活习性说起。

蝗虫是属于昆虫纲蝗科直翅目的一种昆虫。蝗虫数量繁多,生命力强悍,全世界有超过 1 万个种类。

其中蝗虫的生长发育在一生之中要经历受精卵、若虫、成虫三个发育时期。蝗虫的幼虫即若虫。因为幼虫要经历五次蜕皮之后才能变身为成虫。一部分节肢动物在将旧的外骨骼蜕掉之后,会将它们的外骨骼吃掉，蝗虫就是其中之一。

为什么像蝗虫这部分动物会吃掉自己的外骨骼呢？

原来，节肢动物的外骨骼大多都是由三部分组成的，这三部分分别是表皮细胞层、基膜和角质层，而外骨骼的角质层是由几丁质和蛋白质组成。几丁质是一种含氮的多糖化合物，这对节肢动物来说是一种营养物质，而蛋白质是一种节肢蛋白质，对节肢动物当然也是有益无害。

既然旧的外骨骼中含有这么多的营养物质，白白地扔掉实在是太可惜了，所以像蝗虫这样的昆虫就会把自己蜕掉的外骨骼当成一

种养分吃掉。

　　一来,不会白白地将营养物质浪费掉;二来,可以补充它们身体内的养分,有助于它们能够尽快地长出新的外骨骼。这就是蝗虫为什么吃掉自己外骨骼的原因。

# 屎壳郎为什么滚粪球

在节肢动物中,除了苍蝇喜欢粪便之外,还有一种动物也非常喜欢跟粪便打交道,这种动物就是屎壳郎。

屎壳郎属鞘翅目金龟子科昆虫,学名蜣螂,别名粪扒牛、吱咕牛、推粪虫、粪球虫、铁甲将军等,其身体为黑色或黑褐色。它的种类比较多,在全世界大概有 2 万多种。它的分布范围也比较广泛,除了南极洲的大陆以外,在任何陆地几乎都能看到它们的踪迹。跟苍蝇一样,屎壳郎也是一种喜欢逐臭的动物,它以人或其他动物的粪便为食,因此,人类还给了它一个"自然界清道夫"的称号。

屎壳郎不仅喜欢食用粪便,还喜欢将粪便滚成粪球。为什么屎壳郎要滚粪球呢?

首先,它是为了方便储存。

屎壳郎是一种非常聪明的动物,它不会像其他动物一样,找到了食物之后,抵挡不住一时的饥饿,就会将食物给吃掉;或食物有所剩余就扔掉,等到再饿的时候再继续找。屎壳郎有贮存食物的习惯。它们在找到食物之后一般都不会急于大快朵颐,而是想着把食物先

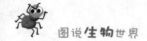 

储存在一个可靠的地方,再慢慢食用。

可是我们都知道,屎壳郎的个头不大,搬动如此大的粪便对它们来说有点儿困难,如果把这些粪便做成球,推动起来就会比较简单了。据科学家研究发现,一只屎壳郎可以滚动比它们身体还要大的粪球。

其次,屎壳郎滚粪球也是为了繁殖后代。

屎壳郎滚粪球除了是为了给自己储存食物以外,也是为了给后代提供食物。当屎壳郎进入繁殖期的时候,一对处于繁殖期的屎壳郎就会把一个粪球藏起来,雌性的屎壳郎会把这个粪球做成一个梨子的形状,然后将自己的卵产在"梨子"的颈部。接着把卵封闭好,以防水流进去将卵弄坏,然后再将这个粪球埋起来。

等过一段时间后,屎壳郎的幼虫就会从卵里钻出来,把自己的身体镶嵌在一个位置,不停地吃里面的粪便,并不停地转动粪球。随

着幼虫不断地长大,里面的空间也会不断地增大。

等到这粪球差不多被屎壳郎吃光的时候,这些小屎壳郎就长成大屎壳郎了,就会从土里钻出来找东西吃。

# 雄蝈蝈为什么爱唱歌

蝈蝈属昆虫纲直翅目螽斯科鸣螽属的昆虫,俗名聒聒、油子等,学名叫螽斯,体色为绿色或褐色。蝈蝈的触角比身体还长,它有发达的后脚,善于跳跃,也能飞翔。

蝈蝈分布地域较广,在我国的河南、河北、山东、安徽、江苏、山西、甘肃、陕西、黑龙江、吉林、辽宁、内蒙古和宁夏地区,都能看到蝈蝈的身影。因分布区域不同,中国产蝈蝈分为南蝈蝈和北蝈蝈。蝈蝈食性较杂,有植食性,有肉食性,有杂食性。也有些蝈蝈种类以捕食昆虫和农田害虫为主,因此被赋予"田间卫士"的称号。

作为三大鸣虫(蟋蟀、油葫芦、蝈蝈)之一的蝈蝈,在前翅膀处长有发音器,能发出好听的声音,其音质清脆、婉转,十分惹人喜爱。故我国古人就以蝈蝈作为宠物来饲养,听其鸣声。

并不是所有的蝈蝈都能发出鸣叫声,事实上,只有雄性蝈蝈才能发出清脆的鸣叫声。而雄性蝈蝈发出鸣叫声的原因在于三点:首先是吸引异性注意;其次是与同伴传递信号;再者是惊吓敌人,保护自身安全。

说到吸引异性注意，这是雄性蝈蝈为了向雌性蝈蝈发出求爱信号，为繁衍后代而鸣唱。而那些个头较大、鸣声嘹亮悦耳的雄蝈蝈特别受异性欢迎。

当两只蝈蝈进入蜜月期以后，雌性蝈蝈开始陆续繁殖后代，一只雌性蝈蝈可以排出 200～450 粒卵。蝈蝈一生经历卵、若虫、成虫三个虫态，一般一年一代。它们以卵越冬，到来年开始新一代的生长。

在古代封建农业社会，先民也希望多子多福，特别崇拜蝈蝈的

高繁殖率。《诗经·螽斯》有如此描绘："螽斯羽，薨薨兮，宜尔子孙，绳绳兮……"在颂扬蝈蝈种族兴旺的同时，也是期盼人类如蝈蝈一样人丁兴旺，成语"螽斯衍庆"表达的正是这个意思。因此古代人民饲养蝈蝈、崇拜蝈蝈也皆源于此因。

雄性蝈蝈能够鸣唱，而雌性蝈蝈却无法鸣唱。蝈蝈的鸣声是由其两叶前翅的摩擦发出来的，雄性蝈蝈的前翅在它们的背上，翅背的颜色为黄褐色，而前翅的侧区则是绿色。雄性蝈蝈的前翅一般要

比雌性蝈蝈的前翅长很多，雄性蝈蝈的前翅能达到14~18毫米，而有的翅膀比较大的雄性蝈蝈的前翅甚至能够达到20~30毫米，而雌性蝈蝈的前翅只有7毫米左右，无法摩擦出声。

　　雄性蝈蝈就是靠它们肥大的前翅来发出声音的，它们的鸣叫就是摩擦翅膀而发出的声音。雄性蝈蝈的翅膀越是厚大，它们之间的摩擦力就越强，叫声就越大。也正是如此，雄壮的蝈蝈找到配偶的几率就高得多。

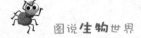 
# 蜜蜂为什么要跳舞

跳舞不只是人类的专利,有很多动物也会跳优美的舞蹈,比如孔雀。另外,在节肢动物中也有善舞的动物,比如蜜蜂。

每到春暖花开的时候，有一部分蜜蜂就会飞出它们的巢穴，过不了多久，它们很快就会飞回来。飞到蜜蜂群里之后，它们就会扭动着自己的腰肢，跳起不同的舞蹈。它们有时在蜂巢交替向左或向右

104

转着小圈,有时它们跳舞的路径还能走成一个"8"字。

　　人类跳舞是为了欣赏或锻炼身体,孔雀跳舞是为了求偶,那么蜜蜂跳舞又是为了什么呢?它们不停地扭动腰肢难道仅仅是为了让同伴们欣赏它们的舞姿吗?

　　事实当然不是这样的,蜜蜂跳舞其实是在向同伴传递信息。

　　在蜜蜂这个群体中,最主要的劳动者是工蜂,它们不仅负责帮助蜂王照顾蜂王产下的卵,还要负责筑巢、采蜜等等。蜜蜂也是非常聪明的,如果大批的工蜂成群结队出去一边找蜜源一边采蜜,这显然会浪费大量的蜂力。于是它们在去采蜜以前都会先派一些蜜蜂去寻找蜜源,这样的蜜蜂称为"侦察蜂"。这些侦察蜂在找到蜜源之后,就会回来向其他的蜜蜂报信,而舞蹈就是侦察蜂在向其他工蜂传递蜜源的信息。

　　侦察蜂不同的舞蹈代表不同的信息。当找的蜜源离巢穴在 100 米之内的话,它们就会在蜂巢上向左或向右转圈圈,这是蜜蜂的"圆舞"。当找到的蜜源距离巢穴在 100 米之外的话,这些侦察蜂的舞

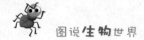 

步就会变成"∞"字形,这就是蜜蜂的"8字舞"。由于,蜜蜂在跳"∞"字舞的时候,它们的腹部也会随着摆动,因此,它们这种舞蹈也被人们称为"摇摆舞",蜜蜂的腹部摆动也是信息表示,蜜蜂摆动腹部的次数越多,说明蜜源离蜂巢的距离就越远。

蜜蜂的"∞"字舞不仅能够帮蜜蜂表达蜜源离蜂巢的距离,就连蜜源在蜂巢的哪个方向也能够表达出来。蜜源的方向是用"∞"字形的中轴线和太阳的位置所成的夹角来表示的。如果蜜蜂的头朝着太阳向上飞舞,这就说明在朝着太阳的方向会有蜜源,朝着太阳飞的话准会有收获。如果侦察蜂头朝下飞的话,就说明蜜源在与太阳相反的方向,只有背对着太阳去寻找才会有收获。就算是碰到哪天阴天了,这些蜜蜂也能根据自己的生物钟向伙伴们表达蜜源所在方位的信息。

在侦察蜂跳这些舞蹈的时候,在家里等候的那些工蜂也会跳出一些舞蹈来回应它们。就像是在说:"我们已经明白了你的意思。"

更为有意思的是,不同地方的蜜蜂还会有不同的舞蹈,比如:生活在奥地利的蜜蜂跳"∞"字舞,而生活在意大利的蜜蜂却跳"7"字镰刀舞。

总之,蜜蜂用自己这些优美的"舞蹈",来向同类传达着自己的信息。

# 蜻蜓为什么要点水

蜻蜓是人类经常见到的一种昆虫。每当夏季来临的时候,在池塘边或小河边都会看到这些像小飞机一样的蜻蜓,在水面的上方不停地盘旋。它们有的时候会俯冲到水面,有的时候会用尾巴在水面上轻轻一点,这就是人类常说的蜻蜓点水。

蜻蜓点水在人类的词典中是个贬义词,形容办事非常肤浅,敷衍了事。从这一方面就可以看出很多人对于蜻蜓用尾巴点水这一动作是有误解的。

在很多人看来,蜻蜓点水也就是蜻蜓不经意地掠过水面,由于蜻蜓这一动物轻柔且又快速,所以很多人都认为这是蜻蜓在水面上嬉戏。然而令人没有想到的是,其实蜻蜓点水这样一个漫不经心的动作却承载着繁衍后代的大任。也就是说,蜻蜓点水并不是在水中嬉戏,而是为了产卵。

蜻蜓都喜欢在空中飞行,但是它们的幼虫却生活在水中。蜻蜓的幼虫被称为"水虿",它们长有鳃,在水中就是依靠鳃来呼吸的。它们虽然拥有六条腿,却没有长翅膀,只有等到它们蜕变成成虫之后

107

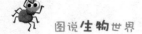 
才能在天空飞翔。蜻蜓为了给自己的后代提供一个良好的生活环境，就必须将卵产在水中，只有这样，它们的后代才能更好地生存。

蜻蜓的生殖系统发育成熟之后就会自然而然地进入繁殖期。在繁殖的季节，蜻蜓就会飞到池塘或河流的上空，然后进行交配。这些地方都是它们最理想的交配场所，因为这里便于雌性蜻蜓排卵。一般都是雄性蜻蜓先来到这里占领一地盘，以防止其他同性前来侵犯，而这时候，如果有雌性蜻蜓飞到雄性蜻蜓的地盘，雄性蜻蜓便开始向雌性蜻蜓求爱。如果雌性蜻蜓对雄性蜻蜓满意的话，便与它在空中完成交配。

在交配数天之后，雌性蜻蜓就会用尾巴点水的方法将卵排到水里。这些卵被排到水中之后，就会依附在水草上，经过一段时间并在合适的环境下，蜻蜓的幼虫便从卵里孵化出来。再经过一段时间的蜕变，就变成了展翅飞翔的蜻蜓。

108

109

# 蚂蚁为什么要拖同类的尸体

　　你观察过地上爬行的蚂蚁吗？在观察的时候你就会发现，它们会急匆匆地将树叶、面包屑和馒头渣等食物搬运到自己的巢穴中。它们除了搬运这些，有时候还会搬运同类的尸体。为什么这些蚂蚁要搬运同类的尸体呢？难道它们有吃同类的习惯，还是它们要给自己同类举行葬礼呢？

　　原来，蚂蚁是一种社会性很强的动物，它们不会发出声音，也不会像蜜蜂那样跳出别致的舞蹈，它们之间交流靠的是身体里分泌出的信息素。蚂蚁分泌出来的信息素是一种混合物质，里面有多种气味：有蚂蚁自身的群体气味、抹在猎物身上的气味和同类之间相互交流的气味。蚂蚁的这些气味就好比是它们的身份证一样可以让它们更容易地识别对方，且有相互辨认的作用。

蚂蚁一般都是分头出来找食物的,当其中的一只蚂蚁找到食物之后,它们就会在食物上抹上这种信息素。这就像它们在这食物上给同类贴了一个写着"这是咱们的食物,看到后,请把它搬回家"的便签。同伴看到信息之后就会自觉把食物搬回去。

蚂蚁死掉之后,它们身体的信息素并不会随之消失,而是一直保留在身体内。虽然死去的蚂蚁不能利用信息素跟其他的蚂蚁进行交流了,但是,它们体内的信息素却依然可以起到传递信息的作用。当寻找食物的蚂蚁发现了死亡蚂蚁身上的信息素,就会误以为蚂蚁的尸体就是食物,并将它拖回洞穴中。

看到这里你一定会想,那么这些蚂蚁会不会将死去的蚂蚁当成一种食物而吃到肚子里去呢? 这倒不用担心,虽然蚂蚁可能会误将同伴的尸体当成食物运回洞穴,却不会将同伴当成食物而吃掉。在洞穴当中,蚂蚁尸体内的信息素里的自身群体的气味会发挥作用,每一个蚁穴中一起生活的蚂蚁都会有自己特定的识别的气味,它们能将这种气味识别出来。

　　当它们闻到死去的蚂蚁有跟它们同样的气味时,它们就不会吃死去的蚂蚁。

# 节肢动物里的绝招

关键词：南澳大利亚蟋蟀、猎人蛛、鲎、北极棘跳虫、南极隐跳虫、球马陆、藤壶、红玫瑰蜘蛛、巴勒斯坦毒蝎、萤火虫、虎甲虫、螳螂

导　读：每一个物种都会有自己的绝招。节肢动物作为动物群体种类最多的一类，它们的绝技丝毫不逊于其他动物。

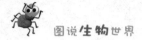 

# 饿了啃食自己的后腿——南澳大利亚蟋蟀

你见过动物将自己身体的一部分当成食物来吃的吗？不过，在这个世界上确实有一种动物在饥饿的时候会将自己的大腿一根一根地吃掉，这种动物就是节肢动物的成员——蟋蟀。

南澳大利亚纳拉库特的山洞里的生活环境非常恶劣，那里阴暗潮湿不说，最让大多数动物接受不了的是食物的缺乏。然而，在如此恶劣的环境中却生活着一种蟋蟀，名叫南澳大利亚蟋蟀。这种蟋蟀之所以能在恶劣的环境中生活，是因为它有个让其他动物看似残忍的习惯：啃食自己的大腿。

其实,南澳大利亚蟋蟀之所以残忍地啃食自己的大腿也是一种无可奈何的生存策略。在一般情况下,它们的食物是一些菌类或一些粪便,但是由于生活的条件太恶劣了,饥饿难耐只能自食了。

俗话说"两虎相争必有一伤",两只蟋蟀如果相斗的话,注定有一只会成为另一只的美餐。因此,蟋蟀活命的几率只有50%。

然而,如果蟋蟀将自己的后腿当成食物的话,根本不需要费尽心机再去捕食猎物,也不用冒着生命危险去跟自己的同类决斗,只要忍着一点点疼痛将自己的后腿咬下来就可以食用了。

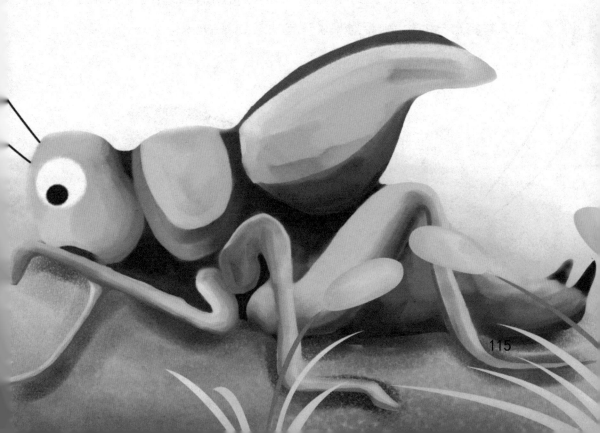

115

　　这样一来，不仅食用方便，也不至于会有什么生命危险，最重要的是自己的这条后腿的营养非常丰富。据科学家分析，蟋蟀一条后腿里大约含有 13% 的蛋白质和 5% 的脂肪，这些营养成分足够它们活上几天了。这种生存方式对于那些上了年纪的蟋蟀来说尤为划算。

　　那么，蟋蟀将自己的后腿吃了会不会影响它们的活动能力呢？这个是没有必要担心的，我们在前边提到过，蟋蟀在遇到危险的时候会将自己的一条大腿切下来送给敌人，而自己趁机逃跑。这就说明蟋蟀不会因为失去一条腿而影响它们的行动的。它们选择这种方式来维持自己的生命，相对来说还是比较划算的。

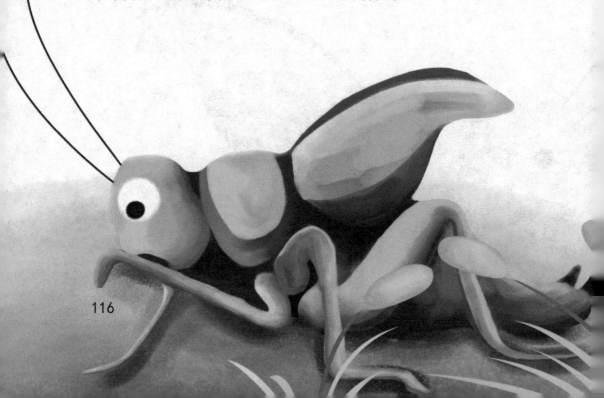

116

# 蜘蛛里的好猎手——猎人蛛

　　猎人有着高超的射击能力,穿梭于莽林之中,靠打猎为生。在节肢动物中也会有"猎人",只不过它们是一种蜘蛛,其捕猎技术绝不亚于人类中那些猎手。在节肢动物中称为"猎人"的就是猎人蛛。

　　猎人蛛原产于澳大利亚,它们的个头要比一般的蜘蛛大很多,个头比较大的猎人蛛的重量能达到 250 克以上,而我们平常见到的最大的蜘蛛也只有几克,这样一比较,简直就是天壤之别。

　　猎人蛛虽然外表丑陋,却是非常好的猎手,它们捕捉蚊子的技术特别高超,只要蚊子敢于靠近它们,就再也别想活着离开了。猎人蛛能够准确无误地捕捉到蚊子,可以说是指哪儿打哪儿。因此,人类才会给它们起名叫猎人蛛。

　　蚊子是人类最痛恨的动物之一,因为它们喜欢吸食人血,而猎人蛛却是捕捉蚊子的好手,所以生活在澳大利亚的人会把猎人蛛捉来放在房间里逮蚊子。只要有猎人蛛在,不管蚊子多么猖狂,也不管它们数量多么多,都不用担心晚上会睡不好觉。

　　为什么猎人蛛捕捉蚊子的技术这么高超呢? 原来,猎人蛛每只

117

脚上都有一种特殊的探测器,能够准确地帮助猎人蛛判断周围蚊子的方位,并快速地作出反应。简直是一逮一个准。

猎人蛛不仅是好猎人,还能做成一道营养丰富且风格独特的佳肴。猎人蛛的身体里含有非常丰富的蛋白质,生活在澳大利亚的一些土著人还将它们当成食物。

猎人蛛的母性非常强,当繁殖期来临的时候,它们为了能够让幼虫顺利地从卵里孵化出来,会精心地为幼虫编织各种颜色的卵袋。这种卵袋不仅可以保护后代,还可以帮助幼虫尽快地适应周围的环境。

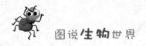 

# 身体里流着蓝色的血——鲎

有一种动物的血液是蓝色的。它就是鲎。

鲎,是节肢动物螯肢亚门肢口纲的动物。因为它们的外形跟马蹄的形状有点儿相似,因此,人类还给它们起了一个名字叫马蹄蟹。虽然被称为蟹,但是它们跟蟹却没有任何血缘关系,反而跟蝎子、蜘蛛是近亲。

鲎是一种非常古老的动物,它们大约在 5 亿年前就已经在地球出现了,当时恐龙还没有出现,原始鱼类刚刚出现,与其同时代的有远古生物三叶虫。三叶虫已经只能看到"化石",而鲎却顽强地生存了下来。所以鲎有着"活化石"的美名。

鲎喜欢在水中生活,是一种食肉动物,成年的鲎一般以一些小鱼、小虾等为食。

鲎的外形非常有意思,它们的身体颜色呈黑褐色或暗褐色,除了具有宽阔的马蹄形头胸以外,还有一个比头胸小很多的腹部,在腹部的后边还长了一种又长又尖的尾剑。

更为有趣的是,鲎还长了四只眼。其中有两只小眼睛长在头胸甲的前段,这两只小眼睛对紫外光非常敏感,可以很容易地感知周围环境的亮度。除了这两只小眼睛,在鲎头胸的两侧还长有一对大复眼,复眼由很多小眼睛组成,能够让鲎眼观八方。

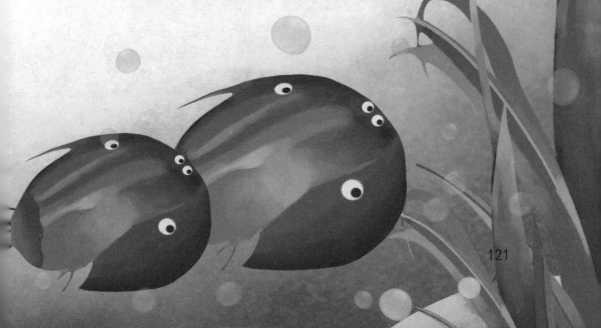

　　鲎对待感情非常专一。雌、雄鲎一旦结为夫妻之后，就会"公不离婆，秤不离砣"地在一起，而且有趣的是，经常是"心宽体胖"的雌鲎背着身体瘦小的"丈夫（雄鲎）"行走。也正是因为如此，人们称鲎为"海底鸳鸯"。

　　最神奇的是鲎的身体里居然流淌着一种十分珍贵的蓝色血液，这种血液含铜量很高，一遇到细菌就会凝固。正是因为蓝色血液具有凝固的特性，科学家可以从中提取出"鲎试剂"。

　　鲎试剂一般注入人体后，就可以快速而准确地检测出人体内的各个组织是否被细菌感染。

# 不怕冷——北极棘跳虫和南极隐跳虫

说起北极和南极,相信很多人马上就会想到一个字"冷"!

在如此寒冷的地方,动物极少。然而不是没有,如有两种节肢动物,它们就是北极棘跳虫和南极隐跳虫。

棘跳虫是昆虫纲弹尾目棘跳虫科的一种小型昆虫。它们喜欢在阴暗、潮湿和有腐殖质的地方生活,主要以食用菌为食。它们是一种没有翅膀的昆虫,头上长有一对触角,触角的长度跟头差不多。

棘跳虫最特别的地方是腹部的弹器,这个特殊的装备让这些小虫子能够弹跳自如,因此人们才给它们起个名字叫跳虫。

棘跳虫适应能力非常强,只要是环境阴暗潮湿,并且具有腐殖质,它们就能够生活。不管是在热带还是温带,甚至是有着常年积雪的北极,都能够看到它们的影子。

人们把在北极生活的棘跳虫称为北极棘跳虫。为什么在北极生活的这些跳虫能够在那么寒冷的地方生活下去呢?它们又是用什么办法来克服北极那寒冷的气候的呢?

原来,北极棘跳虫主要生活在北极的北冰洋中。这些家伙有一

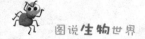  

种非常神奇的本领叫保护性脱水。

所谓保护性脱水，就是当动物体液的温度变得非常低的时候，会跟它们周围的冰雪环境之间形成一个散热的渐变层，而这些动物身上的水分就会利用这个渐变层流失掉。这种保护性脱水，可以让棘跳虫失去身体上的全部水分，而它们的身体就会像一个晒干的昆虫尸体。

当天气变得暖和的时候，它们遇到一滴水就会重新变成一只活蹦乱跳的棘跳虫。

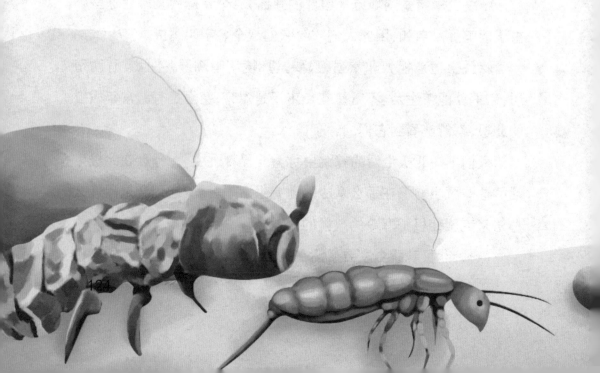

在节肢动物中，除了棘跳虫不怕冷以外，还有一种不怕冷的动物就是南极隐跳虫。

虽然南极隐跳虫和北极棘跳虫同属于节肢动物里的跳虫，但是它们抵御寒冷的方法却大为不同，南极隐跳虫之所以能够抵御寒冷，是因为它们身体内里有一种防冻的复合成分。

这种物质可以降低隐跳虫身体的结冰温度，这样一来，即使外界的温度在零下30℃，隐跳虫也不用担心自己的身体会结冰，那么它们也就不会冻死了。

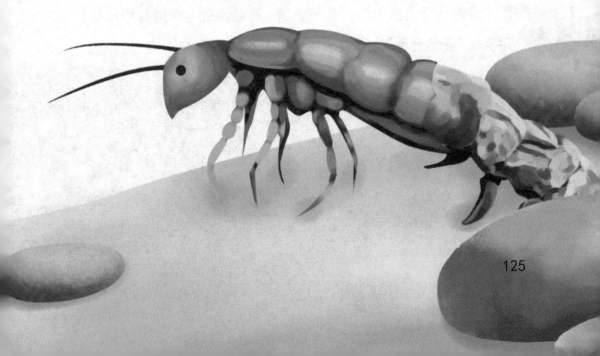

# 传说中的"赤焰金龟"——球马陆

电影《狄仁杰之通天帝国》里提到一种非常神奇的虫子名叫"赤焰金龟"。这是一种来自西域的毒虫,据说这种虫子常年吃黄磷。磷这种化学物质的燃点非常低,以至于遇到烈日就会自燃,而这种"赤焰金龟"因为长期食用黄磷,所以它们遇到烈日之后也会自燃。不仅如此,如果将"赤焰金龟"泡在水里,水也会变得含磷量非常高。更要命的是,人类一旦触碰它就会中毒,而中毒的反应居然是人体自燃。

看到这里,相信很多人都会好奇了,难道世界上真有"赤焰金龟"这样吃磷能自燃的虫子吗? 如果没有,那为什么会在影片里出现呢? 事实上"赤焰金龟"这种虫子在世界上根本不存在。不过,"赤焰金龟"却有原型,它们的原型就是球马陆。

虽然球马陆是"赤焰金龟"的原型，但是球马陆并不是像金龟子那样的虫子。跟它有血缘关系的是马陆，它们也是马陆的一种，归属于节肢动物门单肢亚门倍足纲。

球马陆，别名滚山虫。球马陆的虫体较短且宽，呈扁长圆柱形，长 20～30 毫米，宽 10～15 毫米。腹部扁平，并由 9 枚背板组成。背

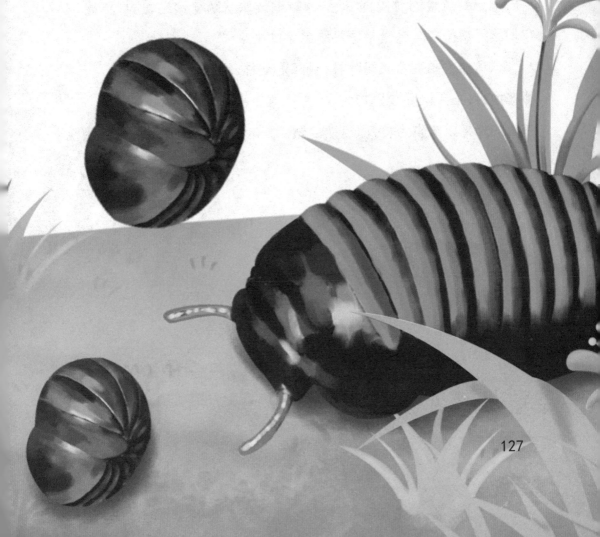

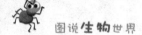　　　　　

部凸起,体表背面为棕黄色或漆黑色,腹面灰褐色。

　　作为马陆的一种,它们也具有马陆的一般特征,即多足和多节。这给它们保护自己提供了方便。马陆脚多,但行动起来是非常缓慢的,而球马陆作为马陆的一个种类,它们行动起来当然也非常缓慢。可是球马陆有一种特殊的本事就是能将自己的身体团成一个球状,当它们遇到危险的时候,就把身体蜷缩成球状顺势滚动,这样要比它们爬行快得多。这也是球马陆名字的由来。

　　球马陆主要生活在阔叶林、针阔混交林、针叶林地带,主要以腐败植物为食,并不像影视剧中说的那样以黄磷为食,而且能自燃。

# 龙王公主的门坎石——藤壶

在浙江省洞头县的渔民中一直流传着这么一个传说:龙王的女儿感觉水底的生活太枯燥了,就想上岸看看人间的美景。可是老龙王担心宝贝女儿会因为岸边的礁石太滑会伤害自己女儿,便在自己的管辖内招聘动物充当供女儿行走的"门坎石"。在水底生活的动物都想到岸上看看,于是都争先恐后地前去应聘。很多动物去应聘都没有成功,因为它们都不能支撑公主的身体,只有在龙宫负责打杂的藤壶成功了。

藤壶为什么能够成功呢? 原来,藤壶为了不让站在自己身体上的公主滑到,就将一些已经破碎的酒盅罩在身上,然后一层一层地攀附岩礁,最终把公主送上了岸。从此,藤壶就既能在水中生活,也能在岩礁上生活了,而它身上披的酒盅也就成了保护它们身体的硬壳。

看到这里相信你们一定会非常好奇,藤壶到底是一种什么动物呢? 世界上真有藤壶这种动物吗?

世界确实存在藤壶这种动物,它是节肢动物门的成员,属于甲

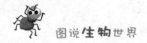 

壳纲藤壶科。它跟螃蟹、虾是近亲。

藤壶是一种分布比较广泛的海洋性动物,在世界上的任何一个海域都可以看到它们的影子。藤壶喜欢群居,经常能够看到它们一簇簇地黏附在海岸边的礁石上。

藤壶的体色呈灰白色,并长有石灰质的外壳,看起来有点儿像马的牙齿,人们又常常叫它"马牙"。由于藤壶的外部被一个坚硬的外壳包裹着,常被误以为是贝类。虽然,藤壶有着非常坚固的外壳保护,但是生在海洋里的海星、海螺及飞鸟海鸥等,常常把它视为摄食对象。

藤壶看起来无外乎这样两种类型:一种是像鹅颈型的藤壶,它们用一个长度不等、呈圆柱形的茎,附着在硬物上;另一种呈圆锥形,外壳由石灰质所组成,看上去就像一座缩小的火山。

在藤壶的开孔部,都有一个由许多小骨片所形成的活动壳盖,这个壳盖由肌肉牵动开合。比如,当海水涨潮时,水流经过孔部,壳盖就会打开,从硬壳包裹着的内部伸出许多呈羽状的触手,这些触手的作用是过滤水中的一些浮游小生物。等到海水退潮之后,壳盖又会紧紧地闭合起来。

藤壶这样做的目的是:一是防止体内的水分流失;二是防御其他生物的侵扰,比如海星、海螺乘机掠食等。

和大多数节肢动物一样,藤壶也有蜕皮习惯,它们每蜕一层皮就会分泌出一种黏性物质,这种物质被称为藤壶初生胶,具有很强的黏附能力,这保证了它们能够安安全全地依附在礁石上。

　　藤壶喜欢依附在礁石上生活,还喜欢依附在其他硬物上,比如航行的船只、大型器械等。它们分泌的藤壶初生胶特别强,别说风吹雨打了,就是特意用一些工具清除也是非常费劲,可是如果不清除就会影响船只或机械的正常作业。为了不让这些家伙影响船只的正常航行和机械的正常作业,就必须耗费大量的人力、物力想办法将它们清除掉。

# 当宠物养的蜘蛛——红玫瑰蜘蛛

蜘蛛可以拿来当宠物养吗？我们知道，蜘蛛长得又黑又丑，把它们当成宠物来养，似乎没有什么赏心悦目的价值。再说大多数蜘蛛的身上都含有毒素，不小心被它们咬上一口可不是闹着玩的。所以说，拿蜘蛛当宠物来养似乎不太可能。

然而，出人意料的是，的的确确有人拿蜘蛛当宠物养，并且这种蜘蛛的价格在宠物市场上还很昂贵。这种蜘蛛生活在南美洲西南部的智利的原始森林中，它的名字叫红玫瑰蜘蛛。

为什么人类能将红玫瑰蜘蛛当成宠物养呢？

第一，红玫瑰蜘蛛与我们常见的蜘蛛长相不同。

它们的身上都长满了红色的体毛，不仅如此，它们体毛的颜色还会随着季节的变化而加深。红玫瑰蜘蛛的八只脚就像八片红色的玫瑰花瓣一样，正是因为如此，人们才给它们取这样一个名字。

第二，它们对环境适应能力非常强。

虽然它们比较喜欢在智利的原始森林中生活，但是它们在其他地方也照样能生活。不过遗憾的是，红玫瑰蜘蛛虽然喜欢在洞穴中生活，但是它们不擅于挖掘洞穴，所以，它们可以寻找洞穴居住。

第三，红玫瑰蜘蛛非常耐饥饿。

红玫瑰蜘蛛是一种食肉动物，它们平常以蟋蟀、蝗虫等小昆虫为食，有时候也会吃刚刚出生的小白鼠。它们的食量非常小，也使得它们的耐饿能力变得非常强，即便半年不吃东西也不会饿死。

第四，它们的毒性非常低，不会给人类身体造成任何危害。这是人类为什么会饲养它们的原因之一。

对于一般动物或植物来说，越好看，它们的毒性就越强。花纹越是鲜艳的蛇的毒性就越强；那些看上去越是漂亮的蘑菇对人类的毒性就越大。但是，色彩鲜艳的红玫瑰蜘蛛的毒性却非常低。红玫瑰蜘蛛性格比较温顺，一般情况下不会主动攻击人类。尽管如此，我们也最好不要去招惹它们。

# 世界毒王——巴勒斯坦毒蝎

美国《世界野生生物》杂志曾经综合了各国学者的意见，评选出世界上最毒的十种动物，分别是：澳洲方水母、澳洲艾基特林海蛇、澳洲蓝环章鱼、毒鲉、巴勒斯坦毒蝎、澳大利亚漏斗形蜘蛛、太攀蛇、澳洲褐色网状蛇、眼镜王蛇、黑曼巴蛇。

其中，巴勒斯坦毒蝎就属于节肢动物家族的成员，属节肢动物门蛛形纲蝎目。世界上的蝎子约有 800 余种。其中巴勒斯坦毒蝎不但在蝎子中最毒，就是在整个生物界也堪称最毒的动物之一。

巴勒斯坦毒蝎主要生活在以色列和中东地区。这些蝎子的外形跟一般的蝎子比也没有什么特别的。成年的巴勒斯坦毒蝎有琵琶形的外形，其外边有一层几丁质的硬皮包裹着。它们身体的颜色呈黄褐色，腹部与附肢的颜色比较淡，这也是一般蝎子的特征。

在它们翘起的长长的尾巴上长有能够分泌毒液的螯刺，它是由一个球形的底及一个尖而弯曲的钩刺所组成，从钩刺尖端的针眼状开口射出毒液。蝎毒液是由一对卵圆形、位于球形底部的毒腺所产生，毒腺的细管与钩针尖端的两个针眼状开口(毒腺孔)相连。每一

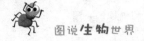
个腺体外面包有一薄层平滑肌纤维,借助肌肉强烈的收缩,由毒腺射出毒液,用以自卫和杀死捕获物。不过,巴勒斯坦毒蝎分泌出来的毒液毒性极强,要比常见的蝎子分泌的毒液毒性强得多。如果人们不小心被它刺一下,会立刻感觉到疼痛、抽搐,严重时还会出现瘫痪、心跳停止和呼吸衰竭的症状。

在蝎子家族中,除巴勒斯坦毒蝎最毒之外,还有几个种类的蝎子也深藏剧毒,包括非洲巨蝎、南非三色蝎、中东金蝎、马来西亚雨林蝎等。

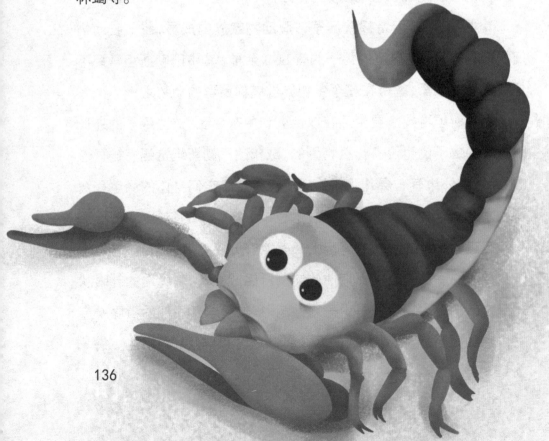

# 森林里的小夜灯——萤火虫

车胤"囊萤夜读"的故事大家都知道。他小时候家里非常穷,为了节省灯油,就捉来一些发光的虫放在一个囊里,利用虫子发的光来看书。车胤捉来照明的虫子就是萤火虫。

萤火虫是节肢动物门昆虫纲鞘翅目萤科的一种小型甲虫。因其尾部能发出萤光,故名为萤火虫。它还有许多别名,比如夜光、景天、熠熠、夜照、流萤、宵烛、耀夜等。

萤火虫的种类非常多,在全世界约有 2000 多种,这些萤火虫主要分布在热带、亚热带和温带地区。

萤火虫是一种既美丽又神秘的小昆虫,它们一生要经历卵、幼虫、蛹和成虫四个阶段,是一种完全变态的昆虫。萤火虫生长周期比较长,幼虫需要 10 个月的时间才能够长成一只成虫,可是遗憾的是,成虫只有 20 天的寿命。在这 20 天里,它们要完成求偶、结婚、繁殖后代的大事,当它们把一生中最重要的大事完成以后,生命也就走到了尽头。

萤火虫最与众不同的地方是能够散发出微弱的荧光。每到夏

季,人们就会看见萤火虫拖着星星点点的荧光在草丛中不停地飞来飞去,看上去十分美丽。那么,你们知道萤火虫为什么能发光吗?

原来,萤火虫发光是一种叫荧光素的物质在发挥作用。在每个萤火虫的身上都有一种特殊的身体结构——发光器。一般雄性萤火

虫的发光器有两节,而雌性的萤火虫发光器有一节。

萤火虫的发光器是由发光细胞、发射层细胞和表皮等组成。其中起到关键作用的荧光素就存在于萤火虫的发光细胞当中。在发光细胞中除了荧光素以外,还有一种催化酵素。荧光素是一种含磷的

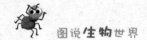 

物质,它可以在催化酶素的作用下,与空气中的氧气发生氧化作用,并释放出光和热。当发光细胞放出光以后,发光器上的反射层细胞就会将这些光反射出去。这就是萤火虫发光的原理。

萤火虫发出的光,有时呈黄色或绿色,有时呈红色或橙红色。颜色的不同是因为荧光素酶的立体构造不同。如果发光体结合紧密就会发出黄色的或绿色的光,如果发光体结合松弛,就会发出红色或橙红色的光。

萤火虫发光的目的,主要是为了繁衍后代。

在繁殖的季节,雄性萤火虫,变得异常兴奋起来,四处飞行,并借助身上发出的光亮来吸异性注意。如果雌性萤火虫收到信号,也会通过自身发出的光亮向雄性萤火虫传达接受其爱意的信号。不过萤火虫的发光过程是一种耗能运动,它们持续发光的时间每天为2~3小时。由于发光耗能,也导致萤火虫的寿命非常短暂,成年萤火虫只能维持生命5~15天。而这一段时间,它们把全部精力用在繁殖后代上。

除此以外,萤火虫的光对于其他的动物还具有警示作用,1997年,有科学家曾经拿老鼠做过实验,实验结果证明,萤火虫的光对老鼠有警示作用。可以说萤火虫发的光在一定程度上对其还有一定的保护作用。

# 守株待兔——虎甲虫

虎甲虫属鞘翅目虎甲科的甲虫。虎甲虫通常躯体呈鲜艳亮丽的颜色,还略布五彩斑斓的斑点。其头部较大,而且上颚比例要比下颚比例大很多,当它捕获猎物时,它的吃相十分生猛——似"狼吞虎咽",故得名虎甲虫。

虎甲虫属于肉食性昆虫,喜欢吃其他种类的昆虫或蜘蛛。它们常常在白天活动,有时会到路上觅食。当有人经过时,它会飞向行人的前方。有一种对人"若即若离"的感觉,似要拦住去路,似又想远离人一点。因此,人们常常称其为"拦路虎"、"引路虫"。

目前全世界已知虎甲虫种类约 2000 种,它们主要生活在热带和亚热带地区, 喜欢阳光充足的地区。我国分布有 120 余种虎甲虫。根据虎甲虫的栖息状态、形态特征分为虎甲属、树栖虎甲属、缺翅虎甲属、双锯球胸虎甲、琉璃突眼虎甲、丽瘦虎甲。

其中虎甲属种类有:中华虎甲、杂色虎甲、金斑虎甲、月斑虎甲、星斑虎甲、芽斑虎甲、沙滩虎甲、黄线虎甲、小八星虎甲、深山小虎甲、微小虎甲、纵纹虎甲、多型虎甲红翅亚种、多型虎甲铜翅亚种

等。

树栖虎甲属种类有:青白长颈虎甲、台湾长颈虎甲、光背树栖虎甲等。

缺翅虎甲属种类有:黑虎甲、光端缺翅虎甲等。

虎甲虫的成虫胆子比较大,敢于在行人的路上休息,而虎甲虫的幼虫却要深藏起来,它们一般躲在地下 0.7 米深的洞穴里。因此,它们想捕获食物填饱肚子,就需要一点特殊的技能。

虎甲虫的幼虫喜欢生活在洞穴以"守株待兔"的方式捕获食物。

虎甲虫幼虫奉行"广挖隧道"的方式求得生存。在虎甲虫幼虫吃饱的时候,它会钻进洞穴的最深处睡上一觉;当它饿的时候,虎甲虫开始精神抖擞地爬到隧道洞口处,等着路过的一些小昆虫或小动物的到来。

一旦有小昆虫或小动物经过虎甲虫幼虫居住的洞穴口处,虎甲虫幼虫便会突然袭击,死死咬住猎物。当然,有些个头大的猎物有可能会把虎甲虫幼虫从洞穴里拖出来。这个自然也不用担心,在虎甲虫的背部长有一对倒钩,当它捕获猎物时,会用这对倒钩嵌在洞穴周围的泥土里,以防反被拖出洞穴。

当它吃完猎物之后,虎甲虫幼虫还知道把吃剩下的猎物残渣清除到洞穴外。

# 拟态大师——螳螂

螳螂是昆虫纲有翅亚纲螳螂科的一种昆虫。螳螂的头型呈三角形,而且活动自如;头上长着两根长长的触角;它的前足腿节和胫节上长有利刺,其中胫节呈镰刀状,而且可以向腿节处折叠,从而形成可以捕获猎物的前足,故俗称其"刀螂"。

螳螂分布较广,种类繁多,全世界螳螂种类达 1500 余种。我国有 50 多种,其中比较知名的螳螂种类有南大刀螂、北大刀螂、广斧螂、中华大刀螂、绿斑小螳螂等。

螳螂对于生态环境平衡而言,有"行侠仗义"之风范,它常常以"该出手时就出手"的作风,捕猎各种昆虫和小动物。这些猎物中不乏对于林木、农作物造成危害的害虫,堪称害虫的天敌。

不过,螳螂有个坏毛病,生性好斗。特别在其饥饿时,它会"饥不择食",常常会"大螳螂吃小螳螂"。生活在南美洲地区的某些螳螂种类,有时还会攻击鸟类、蜥蜴或蛙类等动物,可见其好斗的本色。

螳螂在捕获食物或自保时,还是很有绝技的,它是极其善于"拟态"的一种动物。所谓拟态,用通俗的话说就是"伪装"。用生物学上的话说就是它可以模拟另一种生物或模拟环境中的其他物体的模样。比如，它可以模拟植物的绿叶、茎秆、枯叶、地衣以及蚂蚁等多种形态。通过"拟态"，螳螂不但可以保护自己不被其他动物吃掉，更大的好处在于，给其他被猎的小动物造成一种错觉和假象，当它在靠近猎物或捕获猎物时，不易被发现，而轻易取得成功。

　　螳螂除了具有"拟态"的本领之外，它的眼睛还会变色。螳螂属于复眼昆虫。复眼就是相对于单眼而言，复眼由多数小眼组成。而每一个小眼都是一个独立的感光单位。螳螂的复眼大而明亮，在白天的时候，它的复眼呈透明状；到了晚上它的复眼会变成褐色。其实，这是螳螂为了适应光线和环境，增强视线清晰度，把它眼睛里的色素聚集起来的缘故。如此一来，它能更清晰地观察到周围的环境，既能保护自己，也能在夜晚捕猎小动物。